工程定额原理

主　编　门金瑞　杨　勇

副主编　郑少媛　李　燕　陈娟娟　李月梅

·北京·

内容提要

本书详细阐述了建筑工程定额的发展历程、分类及应用。从定额的初步创立到现代化阶段，书中梳理了工程造价各阶段的定额管理的内容，内容涵盖工期定额、估算指标、概算定额、预算定额、费用定额、施工定额及企业定额等多个方面。通过实际案例和清晰解释，本书帮助读者理解这些定额在建筑工程中的实际应用。

本书适合工程管理和工程造价的学生学习和建筑工程管理人员、造价工程师及相关专业人员阅读，旨在提供实用的定额管理知识和操作指南。

图书在版编目（CIP）数据

工程定额原理 / 门金瑞，杨勇主编. -- 北京 ：中国水利水电出版社，2024. 12. -- ISBN 978-7-5226-2955-1

Ⅰ. TU723.3

中国国家版本馆CIP数据核字第2024TX7239号

书　名	**工程定额原理** GONGCHENG DING'E YUANLI
作　者	主　编　门金瑞　杨　勇 副主编　郑少媛　李　燕　陈娟娟　李月梅
出版发行	中国水利水电出版社 （北京市海淀区玉渊潭南路1号D座　100038） 网址：www.waterpub.com.cn E-mail：sales@mwr.gov.cn 电话：（010）68545888（营销中心）
经　售	北京科水图书销售有限公司 电话：（010）68545874、63202643 全国各地新华书店和相关出版物销售网点
排　版	中国水利水电出版社微机排版中心
印　刷	天津嘉恒印务有限公司
规　格	184mm×260mm　16开本　11印张　268千字
版　次	2024年12月第1版　2024年12月第1次印刷
印　数	0001—1000册
定　价	**52.00**元

凡购买我社图书，如有缺页、倒页、脱页的，本社营销中心负责调换

本 书 编 委 会

主　　编：门金瑞　杨　勇

副 主 编：郑少媛　李　燕　陈娟娟　李月梅

参编人员：张甜甜　刘晓雪　王文亮　尹书霞

朱芊沄　刘　谦　刘玉杰　孙金萍

陈　静

前　言

在建筑工程这片广袤的天地里，定额如同一把精准的尺子，衡量着工程的成本与质量。随着城市建设的加速和基础设施的不断完善，建筑工程行业正迎来前所未有的发展契机。然而，如何在保证工程质量的同时，有效控制成本、提升经济效益，成为摆在施工企业面前的一道难题。定额，作为工程管理和成本控制的重要工具，其地位与作用日益凸显。

为了更好地适应当前建筑市场的实际需求，帮助学生和广大从业者更好地学习和深入理解、应用工程定额原理，我们精心编写了这本《工程定额原理》。本书的编写正是基于这样一个行业现状：定额的制定和应用虽已取得一定成果，但仍存在诸多问题和挑战。例如，定额标准的滞后性、地区间的差异、企业间的不平衡等，都影响了定额在实际工作中的有效性和准确性。因此，我们迫切需要一本既贴近行业实际，又易于理解和应用的工程定额原理书籍。

在编写过程中，我们得到了众多专家学者的鼎力支持和积极参与。本书共6篇，由门金瑞、杨勇共同担任主编，郑少媛、李燕、陈娟娟、李月梅担任副主编。山东华宇工学院门金瑞组织编写第1篇，山东华宇工学院杨勇组织编写第2篇，山东华宇工学院郑少媛组织编写第3篇，李燕组织编写第4篇，重庆乾和建筑工程有限公司陈娟娟组织编写第5篇，山东九州建设工程项目管理咨询有限公司组织编写第6篇。全书大纲拟定、统稿、修改等工作由山东华宇工学院门金瑞完成。这样的分工合作使我们能够充分发挥各自的专业优势，力求使本书的内容既贴近实际，又具有理论深度。

本书在内容呈现上，注重理论与实际相结合，力求做到通俗易懂、易于理解，避免了使用过于专业的术语和复杂的数学模型，而是采用简洁明了的语言和生动的实例来阐述定额的原理和方法。同时，还结合当前建筑市场的实际情况和最新政策动态，对定额的制定、应用和管理进行了深入探讨。此外，本书还注重实用性和可操作性，提供了大量的实例和案例，帮助读者更好地掌握定额的实际应用技巧。

我们衷心希望，本书的出版能够为广大建筑工程从业者提供一本实用、易懂的工程定额原理书籍。通过本书的学习，读者能够更深入地理解定额的原理和方法，提高工程管理和成本控制的能力。同时，也期待本书能够引起更多人对建筑工程定额的关注和研究，推动定额制度的不断完善和发展。在未来的日子里，我们将继续关注建筑市场的动态变化和技术进步，不断更新和完善本书的内容，为广大读者提供更加优质、实用的知识服务。

由于作者水平有限和时间紧迫，书中难免存在欠缺和不妥之处，欢迎广大读者不吝赐教，以备改正。

作者

2024 年 9 月

目　录

第2篇　消 耗 量 定 额

第3篇 概 算 定 额

第4篇 概 算 指 标

第5篇 估 算 指 标

第6篇 工 期 定 额

第1篇 企业定额

建筑工程定额的发展历程是一个漫长而复杂的过程，伴随着建筑工程技术的不断进步和管理水平的不断提升，其发展历程分为初步创立阶段、发展完善阶段及现代化阶段。

一、初步创立阶段（1949—1957年）

1. 国民经济恢复时期（1949—1952年）

这是我国劳动定额工作的创立阶段，主要任务是建立定额机构，并开展劳动定额试点工作。1951年，建筑部门制定了东北地区统一的劳动定额。1952年前后，华东、华北等地也相继制定了劳动定额或工料消耗定额。

2. 第一个五年计划时期（1953—1957年）

随着大规模社会主义经济建设的开始，为了加强企业管理，各产业部门推行了计件工作制，这一时期建筑工程定额得到充分应用和迅速发展，执行劳动定额的计件工人已占生产工人的70%。1954年，原劳动部和原建筑工程部联合颁发《建筑工程劳动定额》，是我国建筑业第一次编制的全国统一劳动定额。1956年，该定额进行了修订并增加了材料消耗和机械台班定额部分，编制了《全国统一劳动定额》。1955年，原劳动部与原建筑工程部联合编制了《全国统一建筑安装工程劳动定额》，这是我国建筑业首次推出的全国性劳动定额。同年，还发布了《一九五五年度建筑工程设计预算定额（草案）》等定额标准。

二、发展完善阶段（1958—1979年）

1. 1958—1966年

建筑工程定额得到了进一步的修订和完善，提高了定额的深度和广度。1962年和1966年，原建筑工程部对定额进行了修订，以适应不断变化的施工技术和市场环境。

2. 1967—1976年

由于定额管理制度的废止，建筑行业面临混乱，企业亏损严重，损失巨大。但在这一时期，仍然有一些地方和企业试图维持定额管理，以保证施工的正常进行。

3. 1977—1979 年

定额工作得以恢复，并逐渐走向正轨。1979 年，原国家建筑工程总局发布了《建筑安装工程统一劳动定额》，为定额管理提供了新的依据。随后，各地自行编制的施工定额也使得定额管理适应了各地经济发展，激发了工人的积极性，促进了生产效率提升。

三、现代化阶段（1980 年至今）

1. 定额制度的修订与编制（1980—1999 年）

国家建设行政主管部门结合定额使用经验、借鉴国际通行做法，逐步修订和编制了《全国统一建筑工程基础定额》《全国建筑安装工程统一劳动定额》等各类定额。1981 年和 1984—1985 年间，原国家建设委员会与地方进一步细化了预算定额，为确定建筑产品价格提供了重要依据。

2. 市场化改革与清单计价（2000—2019 年）

随着市场经济的深入发展，建筑工程定额逐渐走向市场化。2008 年，《建设工程工程量清单计价规范》的实施标志着我国工程计价管理的重大改革，并与国际惯例接轨。这一改革推动了清单计量、市场询价、自主报价、竞争定价的工程计价方式的发展。

3. 定额制度的逐步退出与市场化行为定额的兴起（2020 年至今）

2020 年，《关于印发工程造价改革工作方案的通知》（建办标〔2020〕38 号）提出完善工程计价依据发布机制，加快转变政府职能，优化概算定额、估算指标编制发布和动态管理。逐步停止发布预算定额，以市场行为为导向的市场化行为定额正式进入视野。随着时代的发展，造价人需要更加注重市场化行为导向的计价模式，逐步搭建企业定额，助力企业实现更有市场竞争力的计价体系。

建筑工程定额的发展历程是一个不断适应经济发展和技术进步的过程。从初步创立到发展完善再到现代化阶段，定额制度不断得到修订和完善以适应新的市场环境和技术条件。未来随着数字化和信息化技术的应用以及可持续发展理念的深入人心，建筑工程定额将继续向更加精细化、智能化和可持续化的方向发展。

第1章　定额概述

定额概述

知识目标

掌握定额这个大家族有哪些成员，掌握建设工程定额如何按用途分类，熟悉估算指标、概算指标、概算定额、预算定额、费用定额、施工定额、企业定额之间的内在联系，熟悉企业定额与施工定额的异同点，掌握人工定额、材料消耗定额、机械台班定额的作用。

能力目标

根据“某企业的企业定额（表1.7）”中的数据计算分析各定额之间的合价产生差别的原因，能通过网络搜索“企业定额”图片资料并说出其组成部分的内容。

课程思政

党的二十大报告着眼全面建设社会主义现代化国家的历史任务，作出“构建高水平社会主义市场经济体制”的战略部署，明确了新举措新要求。报告强调，要坚持和完善社会主义基本经济制度，加快建设现代化经济体系，构建全国统一大市场，建设高标准市场体系，不断完善产权保护、市场准入、公平竞争、社会信用等市场经济基础制度。

定额在市场经济当中发挥着重要作用：

（1）定额不仅是市场供给主体加强竞争能力的手段，而且是体现市场公平竞争和加强国家宏观调控与管理的手段。

（2）定额所提供的信息为建设市场的公平竞争提供了有利条件。

（3）定额有利于完善市场信息系统。

定额工作贯彻按劳分配原则，是节约社会劳动，提高劳动生产率的重要手段；是组织和协调社会化大生产的工具；是宏观调控的基础；是实现分配，兼顾效率与公平的手段。这所有的一切都有利于提升生产力水平，增强综合国力，实现经济高质量发展。

1.1　工程定额及其分类

1.1.1　定额是个大家族

定额的公称为建设工程定额。建设项目从计划、设计、交易、施工到竣工五个阶段的全部建设过程中，要使用到不同的定额（图1.1）。

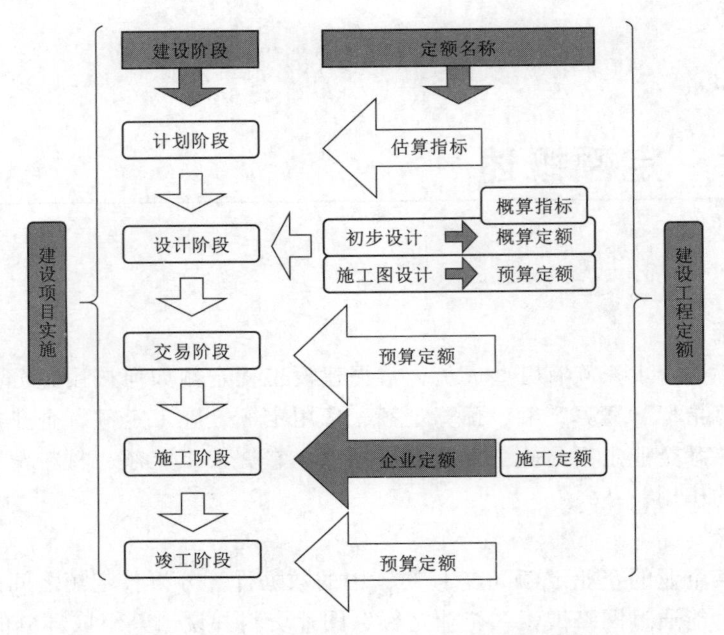

图1.1　对应建设项目五个阶段应用的主要定额

1.1.2　建设工程定额按用途分类

图1.1中的定额是怎么分类的？按用途分类，定额可以分为估算指标、概算指标、概算定额、预算定额、费用定额、施工定额、企业定额等。

这些定额的基本概念和举例如下：

1. 估算指标

估算指标是在可行性研究阶段采用的一种扩大的技术经济指标。它以独立的建筑项目、单项工程或单位工程为对象，综合项目全过程投资和建设中的各类成本和费用，反映出其扩大的技术经济指标，因而，它既是定额的一种表现形式，但又不同于其他的计价定额，具有较强的综合性和概括性。某地区住宅工程造价估算指标及费用构成见表1.1。

表1.1　　**某地区住宅工程造价估算指标及费用构成**

名称	指标值/(元/m^2)	造价比例/%	费用比例/%						
			直接费					独立费	其他各项费用
			定额直接费	材料差价	人工调整	机械调整	安装设备主材		
土建	646.67	90.28	72.90	−0.50		−0.78		10.27	18.07
给水排水	20.05	2.80	12.70	6.18	10.82	0.90	47.08		22.31
电气	21.61	3.02	10.20	5.72	16.48	1.08	34.30		32.21

续表

名称	指标值/(元/m²)	造价比例/%	费用比例/%						
			直接费					独立费	其他各项费用
			定额直接费	材料差价	人工调整	机械调整	安装设备主材		
通风空调	5.87	0.82	7.20	0.80	12.05	2.07	56.88		21.00
采暖									
智能	22.08	3.08							
总计	716.28	100							

注：给水排水中未含水泵气压罐、玻璃钢水箱设备费以及洗脸盆、浴缸主材费。电气中未含动力、照明配电箱费用；通风调节器中风机设备总价 0.69 万元。

2. 概算指标

概算指标是以整个建筑物或构筑物为对象，以“m²”“m³”“座”等为计量单位，确定其人工、材料、机械台班消耗量和货币量及间接费、利润指标的数量标准。概算指标是评价设计方案经济合理性的依据。某地区工业厂房概算指标见表 1.2。

表 1.2　某地区工业厂房概算指标表

序号	分部名称	指标/(元/m²)	占比/%	序号	分部名称	指标/(元/m²)	占比/%
1	基础	22.00	13.33	7	门窗	17.88	10.83
	其中：混凝土桩			8	装饰	2.04	1.24
2	柱子	25.77	15.61	9	其他	11.02	6.68
3	吊车梁	14.85	9.00		小计	165.07	100
4	墙体及阻断	11.46	6.94		综合取费	63.65	
5	楼地面	2.08	1.25		合计	228.72	
6	屋盖	57.97	35.12				
	其中：屋架	(9.99)	(6.05)				
	天窗	(10.34)	(6.26)				

3. 概算定额

概算定额亦称扩大结构定额。它规定了完成单位扩大分项工程所必须消耗的人工、材料、机械台班的数量标准。

概算定额是由预算定额综合而成，可以将预算定额中有联系的若干分项工程项目综合为一个概算定额项目。例如，将预算定额中人工挖地槽土方、基础垫层、砖基础、墙基防潮层、地槽回填土、余土外运等若干分项工程项目综合成一个概算定额项目，即砖基础工程项目。

概算定额是编制设计概算的依据，也是评价设计方案经济合理性的依据。某地区建筑工程概算定额见表 1.3。

表 1.3　某地区建筑工程概算定额

砖基础　　单位：$10m^3$

定　额　编　号				02-001	02-002	02-003	02-004
项　目				砖基础		带形基础	
				不带地圈梁	带地圈梁	毛石	混凝土
基价/元				2538.51	2760.14	2583.60	3119.92
其中	人工费/元			662.25	746.22	786.82	851.90
	材料费/元			1804.75	1916.23	1696.63	2064.60
	机械费/元			71.51	97.69	100.15	203.42
定额代码	综合项目	单位	单价/元	数　量			
01001	人工挖土方深度 2.0m 内 普通土	$100m^3$	459.01	0.162	0.162	0.160	0.160
01002	人工挖土深度 2.0m 内 普通土	$100m^3$	959.39	0.128	0.128	0.201	0.201
01005	人力或胶轮车运土 运距 30m 内	$100m^3$	377.06	0.109	0.109	0.114	0.114
01006	人力或胶轮车运土 运土每增 20m	$100m^3$	89.83	0.109	0.109	0.114	0.114
01011	回填土 人力夯填	$100m^3$	772.70	0.181	0.181	0.247	0.247
04001	砖基础 {水泥砂浆 M10}	$10m^3$	1752.05	1.000	0.934		—
04028	毛石条形基础 {混合砂浆 M5}	$10m^3$	1565.92	—		1.000	—
05001	带形基础 毛石混凝土 {现浇 C20 砾 40}	$10m^3$	2199.16	—			0.250
05002	带形基础 无筋混凝土 {现浇 C20 砾 40}	$10m^3$	2328.33	—			0.250

4. 预算定额

预算定额是工程造价管理部门颁发，用于确定单位分项工程人工、材料、机械台班消耗量及货币量的数量标准。预算定额是编制施工图预算、确定工程预算造价的依据，也是编制建设工程工程量清单报价的依据。

预算定额按专业划分，一般有建筑工程预算定额、安装工程预算定额、装饰工程预算定额、市政工程预算定额、园林绿化工程预算定额等。某地区建筑工程预算定额举例见表 1.4。

表 1.4　　　　**某地区建筑工程预算定额（单位估计表）**

伸缩缝

工作内容：1. 切缝：放样、缝板制作、备料、熬制沥青、浸泡木板、拌合、嵌缝、烫平缝面。

2. 道路嵌缝胶：清理缝道、嵌入泡沫背衬带、配置搅拌 PG 胶、上料灌缝。

计量单位：$10m^3$

定额编号				2-293	2-294	2-295	2-296	2-297	2-298	2-299
项目				人工切缝					锯缝机锯缝每1延长米	PG道路嵌缝胶每 $100m^3$
				伸缝			缩缝			
				沥青木板	沥青玛𤧛脂	填充塑料胶	沥青木板	沥青玛𤧛脂		
基价/元				491.17	834.41	30.46	362.71	466.90	22.52	354.70
其中	人工费/元			144.03	77.75	24.72	164.48	87.86	14.38	32.81
	材料费/元			347.14	755.66	3.21	198.23	379.04	—	321.89
	机械费/元			—	—	2.53	—	—	8.14	—
名称		单位	单价/元	数量						
人工	综合人工	工日	22.47	6.41	3.48	1.10	7.32	3.91	0.64	1.46
材料	石粉	kg	0.095	—	127.40	—	—	63.70	—	—
	钢锯片	片	1347.00	—	—	—	—	—	0.065	—
	薄板 20mm	m^2	4.42	0.221	—	—	0.111	—	—	—
	石棉	kg	1400.00	—	126.00	—	—	63.00	—	—
	煤	t	169.00	0.008	0.032	—	0.033	0.064	—	—
	石油沥青 60～100 号	t	1400.00	0.033	0.127	—	0.008	0.016	—	—
	木柴	kg	0.21	0.800	3.200	—	0.800	1.600	—	—
	塑料胶条	kg	8.12	—	—	0.35	—	—	—	—
	PG 道路嵌缝胶	kg	16.40	—	—	—	—	—	—	19.53
	其他材料费	%	—	0.50	0.50	0.50	0.50	0.50	0.50	0.50
机械	电动空气压缩机 $0.6m^3/min$	台班	58.85	—	—	0.043	—	—	—	—
	锯缝机	台班	38.75	—	—	—	—	—	0.21	—

5. 费用定额

费用定额是指与施工生产的个别项目无直接关系，而为企业全部施工项目建造所发生的费用，一般以定额人工费或者直接费为基数乘以规定的费率。例如，计算工程管理费、利润、措施项目费、规费等的定额。某地区费用定额见表 1.5。

表 1.5　　　　**某地区费用定额**

序号	规费名称	计算基础	费率/%
1	养老保险	分部分项工程和单价措施项目定额人工费	6.0～11.0
2	失业保险	分部分项工程和单价措施项目定额人工费	0.6～1.1

续表

序号	规费名称	计 算 基 础	费率/%
3	医疗保险	分部分项工程和单价措施项目定额人工费	3.0～4.5
4	工伤保险	分部分项工程和单价措施项目定额人工费	0.8～1.3
5	生育保险	分部分项工程和单价措施项目定额人工费	0.5～0.8
6	住房公积金	分部分项工程和单价措施项目定额人工费	2.0～5.0
7	工程排污费	按工程所在地区规定计取	—

6. *施工定额*

施工定额是规定建筑安装工人或小组在正常施工条件下，完成单位合格产品所消耗的劳动力、材料和机械台班的数量标准。它是施工企业组织生产，编制施工阶段施工组织设计和施工作业计划签发工程任务单和限额领料单、考核工效、评奖、计算劳动报酬、加强企业成本管理和经济核算、编制施工预算的依据。某企业施工定额见表1.6。

表1.6　某企业施工定额

现浇混凝土柱（m^3）

定额编号	项目			人工		材料（半成品）		机械		
				机拌机捣						
				时间定额	每工产量	混凝土/m^3	其他材料费/元	搅拌机400L/台班	翻斗车2t/台班	振捣器/台班
26	矩形柱	周长	1.6m以内	1.822	0.549	1.013	18.60	0.081	0.116	0.132
27			1.6m以外	1.633	0.612	1.013	10.07	0.081	0.116	0.132
28	圆形柱	直径	0.5m以内	1.855	0.539	1.013	18.26	0.081	0.116	0.132
29			0.5m以外	1.689	0.592	1.013	13.88	0.081	0.116	0.132
30	叠合柱			2.178	0.460	1.013	9.98	0.101	0.129	0.151

从表1.6中可以看到，现浇1m^3混凝土柱的综合用工1.822工日、C30混凝土1.013m^3、400L混凝土搅拌机0.081台班等定额数据，都是从要素定额数据中录入。

施工定额与要素定额之间的关系如图1.2所示。

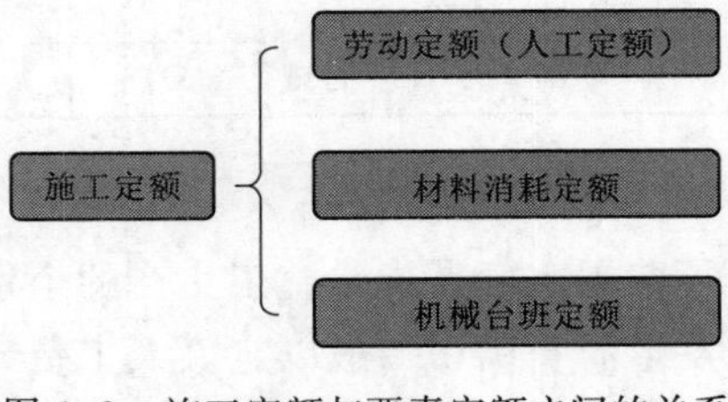

施工定额
劳动定额（人工定额）
材料消耗定额
机械台班定额

图1.2　施工定额与要素定额之间的关系

施工定额主要包括了定额项目的人材机消耗量，是根据本企业生产力水平编制，用于编制施工预算，签发施工任务书、限额领料单和实行包工包料以及结算计件工资、结算材料消耗，进行工程成本核算和两算对比的企业内部定额。

解惑：施工定额为什么也能编制施工预算？施工预算主要反映符合某企业生产力水平，完成该定额项目的人材机消耗量，用这些消耗量与实际完成的消耗量进行

对比后采取必要措施，就能实现工程成本控制的目标。

7. 企业定额

企业定额指施工企业根据本企业的施工技术和管理水平，以及有关工程造价资料制定的，供本企业使用的人工、材料和机械台班消耗量标准。这些定额反映了企业的施工生产与生产消费之间的数量关系，是施工企业生产力水平的体现。企业定额既包含施工定额的人材机消耗量，又包含了计算直接费的货币量，是编制施工预算、工程投标报价和签发施工任务书、限额领料单和实行包工包料以及结算计件工资、结算材料消耗，进行工程成本核算和两算对比的企业内部定额。

某企业的企业定额举例见表1.7。从表1.7中可以看到，企业定额中不仅包含施工定额中的人工、材料、机械台班消耗量，还包含了与之对应的人工费、材料费、机械费以及定额项目合价的货币量。

表1.7　　某企业的企业定额

Q9－3 现浇混凝土柱（m^2）

定额编号		单位	单价	26	27	28	29	30
项目				矩形柱		圆形柱		叠合柱
				周长1.6m以内	周长1.6m以外	直径0.5m以内	直径0.5m以外	
合价		元	—	970.45	928.85	975.89	942.46	1033.28
其中	人工费	元	—	318.85	285.78	324.63	295.58	381.15
	材料费	元	—	596.33	587.80	595.99	591.61	587.71
	机械费	元	—	55.27	55.27	55.27	55.27	64.42
综合用工		工日	175.00	1.822	1.633	1.855	1.689	2.178
材料	混凝土C30	m^3	570.32	1.013	1.013	1.013	1.013	1.013
	其他材料费	元	—	18.60	10.07	18.26	13.88	9.98
机械	搅拌机400L	台班	218.42	0.081	0.081	0.081	0.081	0.101
	翻斗车2t	台班	168.55	0.116	0.116	0.116	0.116	0.129
	振捣器	台班	136.54	0.132	0.132	0.132	0.132	0.151

（1）企业定额的作用。

1）编制施工预算和企业投标报价的依据。用企业定额编制的施工预算是本企业内部控制工程成本的依据；编制的投标报价是本企业获得拟建工程的期望价格。

2）编制各种计划的依据。企业定额是编制施工进度计划、材料供应计划、劳动力需用量计划、施工机械台班需用量等计划的依据。

3）控制工程成本的依据。企业定额是施工管理中给班组下达施工任务单和限额领料单的依据，企业通过下达施工任务单和限额领料单来控制工程成本。

（2）施工定额与企业定额。如何区分企业定额与施工定额？两者都是本企业内部使用的定额（共同点）；从表1.6和表1.7中可以看到，企业定额不但包含了施工定额的人材机消耗量，还包含了消耗量和对应货币量及定额合价；所以，企业定额不仅可以在内部使用，也是编制建设工程投标报价的依据（不同点）。关于这一要求，在2003年、2008年和2013年《建设工程工程量清单计价规范》(GB 50500)（以下简称《计价规范》）中都有明确规定。

例如，2013年计价规范规定采用“企业定额，国家或省级、行业建设主管部门颁发的计价定额”编制工程量清单报价。《住房和城乡建设部办公厅关于印发工程造价改革工作方案的通知》(建办标〔2020〕38号）指出，“取消最高投标限价按定额计价的规定，逐步停止发布预算定额”表明，将来工程造价确定与控制的主角将是企业定额。

估算指标主要在计划阶段确定建设项目估算造价；概算指标和概算定额主要在初步设计阶段确定建设项目概算造价；预算定额主要在施工图设计阶段、交易阶段和竣工验收阶段确定建设项目预算造价和结算造价；企业定额（施工定额）是施工企业在交易和施工阶段确定工程项目企业报价（造价）的依据。

1.1.3 建设工程定额按编制单位分类

1. 全国定额

在全国范围使用的定额称为全国定额，该定额由国家（即定额主管部门）负责编制，例如“TY 01-31—2015房屋建筑与装饰工程消耗量定额”由中华人民共和国住房和城乡建设部组织编制和颁发。

2. 行业定额

行业定额是指在某行业内使用的定额，例如“电力建设工程预算定额”是中国电力企业联合会组织编制和颁发，在全国电力建设行业使用的行业定额。

3. 地区定额

地区定额是指只能在某省（自治区、直辖市）使用的定额，例如“××省建筑工程预算定额”是××省建设行政主管部门组织编制和颁发，可以在全省范围内使用的定额。

4. 企业定额

企业定额是施工企业进行编制，并且在企业内部使用的定额。

1.1.4 要素定额

生产力的三要素是人的劳动、劳动对象、劳动手段，这也是产品生产的三要素。

在建筑产品生产过程中，对应于“人的劳动”，编制了“劳动定额”；对应于“劳动对象”，编制了“材料消耗定额”；对应于“劳动手段”，编制了“机械台班定额”，将这三个定额称为“要素定额”，也可称“人材机消耗量定额”。

1. 劳动定额

劳动定额亦称人工定额，它规定了在正常施工条件下，某工种、某等级的工人或工人小组，生产单位合格产品所必需消耗的劳动时间；或者是在单位工作时间内生产合格产品的数量。

2. 材料消耗定额

材料消耗定额规定了在正常施工条件和合理使用材料的条件下，生产单位合格产品所必须消耗的一定品种规格的原材料、半成品、成品或结构构件的数量标准。

3. 机械台班定额

机械台班定额规定了在正常施工条件下，利用某种施工机械，生产单位合格产品所必须消耗的机械工作时间；或者在单位时间内机械完成合格产品的数量标准。

1.2 建设工程定额之间的关系

1.2.1 建设工程定额拓展内容

估算指标、概算指标、概算定额、预算定额、费用定额、施工定额、企业定额中，除了估算指标和概算指标外，基本上是计算建设工程直接费的定额。完整的工程造价还需要计算间接费、利润和税金。按《建设工程工程量清单计价规范》（GB 50500—2013）的规定要计算分部分项工程费、措施项目费、其他项目费、规费和税金。

工期定额规定了建设项目的建设时间，依据合同超出工期会产生罚款或者节约工期能得到奖金，这一结果影响了工程造价，所以工期定额也是定额的组成部分。

1.2.2 建设工程定额之间的数据关联

图1.3所示为各定额之间数据的内在联系，其核心内容是要素定额数据贯穿了全过程，是建设工程定额的基础，具有核心地位。

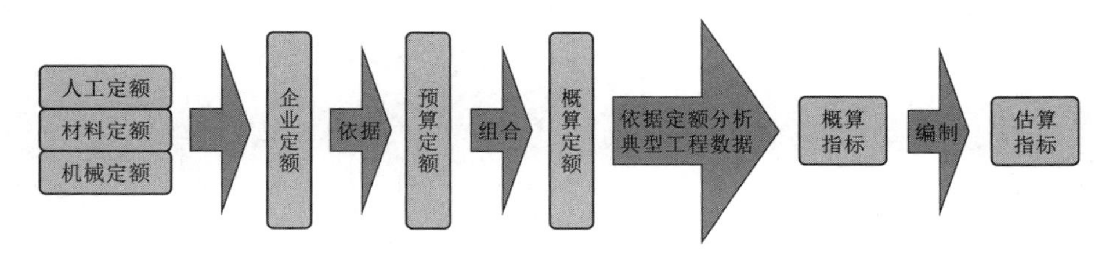

图1.3 建设工程定额之间数据关联示意图

1.3 技术测定法

技术测定法是编制要素定额的主要方法和获取人材机消耗量数据的主要方法。

技术测定法指对施工过程的生产技术、施工组织、施工条件和各种工时消耗进行科学分析研究后，通过拟定合理的施工条件、操作方法、劳动组织，在考虑挖掘工作潜力的基础上，计时观察记录数据分析整理，确定人材机消耗量定额的方法。

技术测定法通常分为测时法、写实记录法、工作日写实法和简易测定法。

技术测定法的主要任务是为制定和修改劳动定额、材料消耗定额、机械台班定额，补充企业定额和预算定额提供科学的数据资料。

复习思考题

1. 概算指标与概算定额有什么区别？
2. 建设工程定额按用途是怎样分类的？
3. 简述概算指标的计量单位，为什么这样规定？
4. 估算指标与概算指标有什么区别？
5. 什么是预算定额？请举例说明。
6. 什么是单位估价表？与预算定额有什么区别？
7. 什么是费用定额？包括哪些内容？
8. 什么是企业定额？
9. 什么是施工定额？
10. 企业定额与施工定额的异同点有哪些？
11. 什么是要素定额？

第2章 施工过程和工作时间

施工过程和
工作时间

知识目标

掌握施工过程的概念；熟悉施工过程的构成因素；掌握施工过程的分解方法；掌握工序的概念和事例；掌握工作过程的划分方法；掌握划分施工过程的方法与道理；掌握工作时间的概念；掌握工人工作时间的划分方法；掌握机械工作时间的划分方法；熟悉辅助工作时间的定义与划分方法；区分循环工作时间与非循环工作时间。

能力目标

能绘制施工过程划分示意框图；能绘制工人工作时间划分示意的框图；能绘制机械工作时间划分示意的框图。

2.1 施 工 过 程

编制人工定额、材料消耗定额等要素定额，是从拟定合理的工作环境和观察完成项目的劳动时间开始的，所以首先要研究施工过程和工作时间。

2.1.1 施工过程的概念

施工过程是指在建筑安装施工现场范围内所进行的各种生产过程。施工过程的最终目的是要建造、恢复、改造、拆除或移动工业、民用建筑物的全部或一部分。

例如人工挖地槽土方，现浇钢筋混凝土构造柱、构造柱钢筋制作安装，金属栏杆制作，金属栏杆安装等，都属于一定范围内的施工过程。

2.1.2 施工过程的构成因素

建筑安装施工过程的构成因素是生产力的三要素，即劳动者、劳动对象、劳动手段。

1. 劳动者

劳动者主要指生产工人。建筑安装工人按其担任的工作不同划分为不同的专业，例如砖工、木工、钢筋工、电焊工、管道工、电工、筑炉工、推土机及载重汽车驾驶员等。

工人的技术等级是按其所做工作的复杂程度、技术熟练程度、责任大小、劳动强度等要素确定的。工人的技术等级越高，其技术熟练程度也就越高。

2. 劳动对象

劳动对象是指施工过程中所使用的建筑材料、半成品、成品、构件和配件等。

3. 劳动手段

劳动手段是指在施工过程中工人用以改变劳动对象的工具、机具和施工机械等。例如，木工的工具有刨子和锯子，装饰装修用的冲击电钻、手提电锯、电刨等机具，搅拌砂浆用的砂浆搅拌机等机械。

2.1.3　施工过程的分解

施工过程按其组织上的复杂程度，一般可以划分为工序、工作过程和综合工作过程。

1. 工序

工序是指在劳动组织上不可分割，而在技术操作上属于同一类的施工过程。工序的主要特征是劳动者、劳动对象和劳动工具均不发生变化。如果其中有一个条件发生了变化，就意味着从一个工序转入了另一个工序。

从施工的技术组织观点来看，工序是最基本的施工过程，是定额技术测定工作中的主要观察和研究对象。以砌砖这一工序为例，工人和工作地点是相对固定的，材料（砖）、工具（砖刀）也是不变的。如果材料由砖换成了砂浆或工具由砖刀换成了灰铲，那么就意味着又转入了铲灰浆或铺灰浆工序。工序可以由一个工人来完成，也可以由小组或几名工人协同完成。工序可以手动完成，也可以机械操作来完成。例如吊装楼面混凝土叠合板等。

从劳动过程的观点看，工序又可以分解为更小的组成部分——操作；操作又可以分解为最小的组成部分——动作。

操作是一个个动作的综合，若干个操作构成一道工序。例如，弯曲钢筋这道工序就是由下列操作组成：①钢筋放在工作台上；②对准位置；③弯曲钢筋；④将弯好的钢筋放置好。而把钢筋放在工作台上这一操作，则是由下列动作组成：①走向堆放钢筋处；②拿起钢筋；③返回工作台；④把钢筋放在工作台上；⑤把钢筋靠近弯曲立柱架上。

2. 工作过程

工作过程是指同一工人或工人小组所完成的，在技术操作上相互有联系的工序组合工作过程的主要特征是：劳动者不变，工作地点不变，而材料和工具可以变换。

以调制砂浆这一工作过程为例，其人员是固定不变的，工作地点是相对稳定的。但时而要用沙子，时而要用水泥，即材料在发生变化；时而用铁铲，时而用箩筐，其工具在发生变化。

由一个工人完成的工作过程称为个人工作过程，由一个小组共同完成的工作过程称为小组工作过程。

3. 综合工作过程

综合工作过程是指在施工现场同时进行的，在组织上有直接联系的，并且最终能获得一定劳动产品的施工过程的总和。

例如，砌砖墙这一综合工作过程由调制砂浆、运砂浆、运砖、砌墙等工作过程构成，他们在不同的空间同时进行，在组织上有直接联系，并最终形成的共同产品是一定数量的砖墙。

施工过程的工序或其组成部分，如果以同样的内容和顺序不断循环，并且每重复一次循环可以生产出同样的产品，则称为循环施工过程。反之，则称为非循环施工过程。施工过程划分示意如图 2.1 所示。

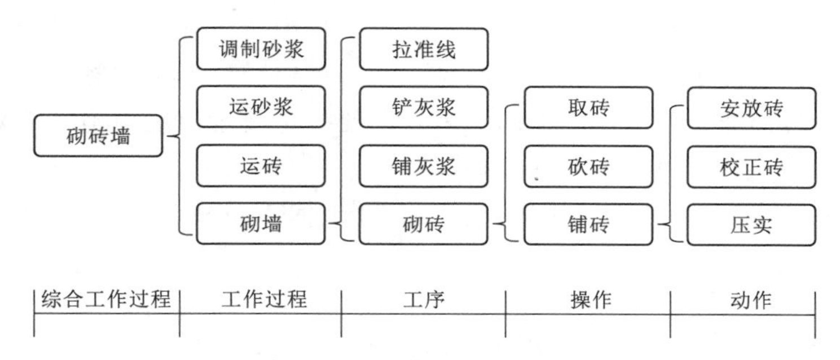

图 2.1 施工过程划分示意图

对施工过程进行分解并加以研究的主要目的如下。

1. 总结先进工作经验

通过施工过程的合理分解，可以从中寻求先进生产者完成各项工作最有效、最经济、最顺畅的操作方法，以保证人力、物力的充分发挥，达到总结先进生产者的工作经验、降低成本、提高劳动生产率的目的。

2. 便于测定定额消耗量

施工过程的分解，便于在技术上采取不同的现场观察方法来研究工料消耗的数量，取得编制定额的各项基础数据。

2.1.4 影响施工过程的因素

在建筑安装施工过程中，生产效率受到诸多因素的影响。受这些因素的影响，导致同一单位产品的劳动消耗量不尽相同。因此，有必要对影响施工过程的有关因素进行分析，以便在测定定额数据和整理定额数据时，更加合理地确定单位产品的劳动消耗量。

影响施工过程的因素主要有以下三个方面。

1. 技术因素

技术因素包括：产品的种类和质量要求；所用材料、半成品、成品、构配件的型号、规格和性能；所用工具和机械设备的类别、型号、性能及完好程度等。

2. 组织因素

组织因素包括：施工组织与施工方法；劳动组织；工人劳动态度；劳动报酬分配方式等。

3. 自然因素

自然因素一般包括：酷暑、大风、雨雪、冰冻等。

2.2　工　作　时　间

完成任何施工过程都必须消耗一定的时间，若要研究施工过程中的工时消耗量，就必须对工作时间进行分析研究。

工作时间是指工作班的延续时间。建筑安装企业工作班的延续时间为 8h（每个工日）。

工作时间的研究，是将劳动者在整个生产过程中所消耗的工作时间，根据其性质、范围和具体情况进行科学划分、归类。明确规定哪些属于定额时间，哪些属于非定额时间，找出非定额时间损失的原因，以便拟定技术组织措施，消除产生非定额时间的因素并充分利用工作时间，提高劳动生产率。

对工作时间的研究和分析，可以分为工人工作时间和机械工作时间两个系统进行。

2.2.1　工人工作时间

工人工作时间划分为定额时间和非定额时间两大类。

1. 定额时间

定额时间指工人在正常施工条件下，为完成一定数量的产品或任务所必须消耗的工作时间。它包括有效工作时间、工人休息时间、不可避免的中断时间。

(1) 有效工作时间。有效工作时间指与完成产品有直接关系的工作时间的消耗，包括准备与结束工作时间、基本工作时间、辅助工作时间。

1) 准备与结束工作时间。准备与结束工作时间指工人在执行任务前的准备工作和完成任务后的整理工作时间，如领取工具、材料，工作地点布置、检查安全措施，保养机械设备，清理工地，交接班等。准备与结束工作时间一般分班内和任务内两种情况。

2) 基本工作时间。基本工作时间指工人完成与产品生产直接有关的工作时间。例如，砌砖施工过程的挂线、铺灰浆、砌砖等工作时间。基本工作时间消耗与生产工艺、操作方法、工人的技术熟练程度有关，并且与任务的大小成正比。

3) 辅助工作时间。辅助工作时间指与施工过程的技术作业没有直接关系，为了保证基本工作时间顺利进行而做的辅助性工作所需消耗的工作时间，如修磨校验工具、移动工作梯、工人转移工作地点等所需的时间。

辅助工作一般不改变产品的形状、位置和性能。

(2) 工人休息时间。工作休息时间指工人在工作中，为了恢复体力所需的短时间休息，以及由于生理上的要求所必需的时间（如喝水、上厕所等）。休息时间的长短与劳动强度、工作条件、工作性质等有关。例如，在高温、高空、有毒环境条件下工作时，休息时间应适当增加。

(3) 不可避免的中断时间。不可避免的中断时间指由于施工过程中技术和组织上的原因，以及施工工艺特点所引起的工作中断时间。如汽车司机等待装卸货物的时间；安装工人等待构件起吊的时间等。

2. 非定额时间

(1) 多余或偶然工作时间。多余或偶然工作时间指在正常施工条件下不应发生的时间消耗或由于意外情况引起的时间消耗。例如，拆除超过图示高度所砌的多余墙体的时间；现浇构件模板尺寸大小不合适需要修改所需的时间。

(2) 停工时间。停工时间包括由施工本身造成的停工和非施工本身造成的停工两种情况。

1) 施工本身造成的停工时间。施工本身造成的停工时间指由于施工组织和劳动组织不合理，材料供应不及时，施工准备工作做得不好而引起的停工时间。

2) 非施工本身造成的停工时间。非施工本身造成的停工时间指由于外部原因影响，非施工单位的责任而引起的停工。例如，设计图纸不能及时交给施工单位，水电供应临时中断，由于气象条件（如大雨、风暴、严寒、酷热等）等造成的停工时间。

(3) 违反劳动纪律损失时间。违反劳动纪律损失时间指工人不遵守劳动纪律而造成的时间损失。例如，在工作班内工人迟到、早退、闲谈、办私事等原因造成时间损失，以及由于个别工人违反劳动纪律而使别的工人无法工作的时间损失。

上述非定额时间在编制定额时一般不予考虑。

2.2.2 机械工作时间

机械工作时间的分类方式与工人工作时间的分类方式不同。例如在有效工作时间中所包含的有效工作的内容不同。这种不同是由机械本身的特点所决定的。

机械工作时间分类示意图如图 2.2 所示。

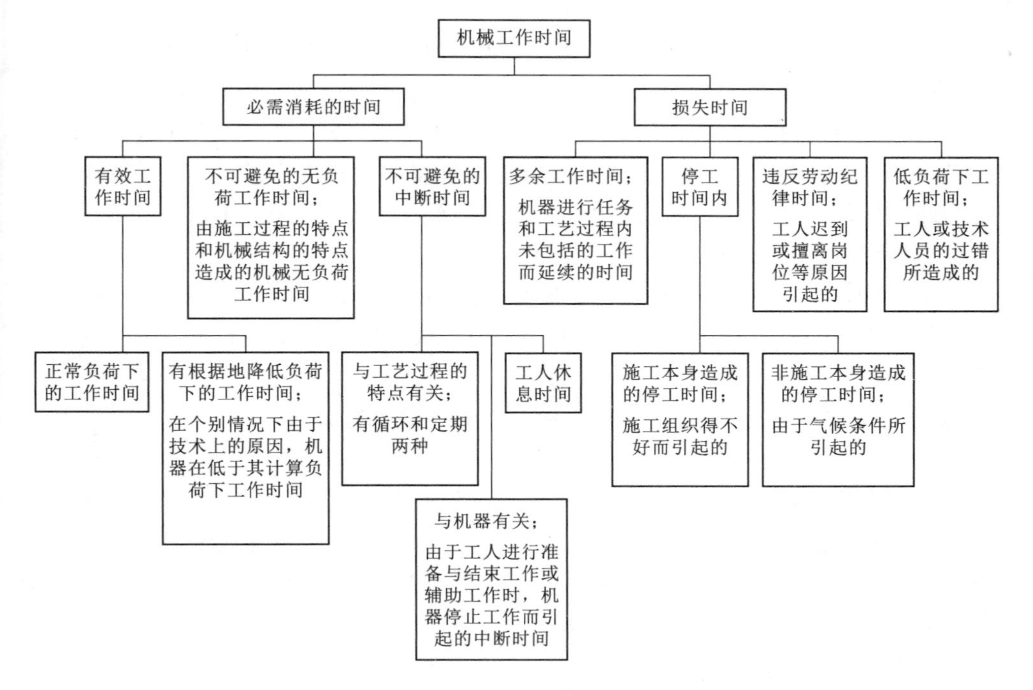

图 2.2 机械工作时间分类示意图

1. 定额时间

(1) 有效工作时间。有效工作时间包括正常负荷下和降低负荷下两种情况的工作时间消耗。

1) 正常负荷下的工作时间。正常负荷下的工作时间指机械在与机械使用说明书规定的负荷相等的正常负荷下进行的工作时间。在个别情况下，由于技术上的原因，机械可以在低于规定的负荷下工作。例如，汽车载运体积大而重量轻的货物时（泡沫混凝土等），不可能充分利用汽车的载重吨位，因而不得不降低负荷工作，此类情况也应视为在正常负荷下的工作。

2) 降低负荷下的工作时间。降低负荷下的工作时间指由于工人或管理人员的过失，造成机械在降低负荷情况下的工作时间。例如，工人装车的砂石数量不足，装入混凝土搅拌机的材料不够数量，引起汽车和搅拌机在降低负荷下工作。

(2) 不可避免的无负荷工作时间。不可避免的无负荷工作时间指由于施工过程的特性和机械结构的特点所造成机械无负荷工作时间，一般分为循环无负荷工作时间和定时无负荷工作时间两类。

1) 循环无负荷工作时间。循环无负荷工作时间指由施工过程的特点所引起的机械空转所消耗的时间，它在机构工作的每一个循环工作中重复一次。例如，推土机到达工作段终端后的倒车时间；起重机吊完构件后返回构件堆放地点的时间等。

2) 定时无负荷工作时间。定时无负荷工作时间主要指发生在载重汽车、推土机、挖土机等工作中的无负荷工作时间。例如，工作班开始和结束时机械来回无负荷地行走或在工作地段转移所消耗的时间。

(3) 不可避免的中断时间。不可避免的中断时间指由施工过程的技术和组织的因素造成机械工作中断的时间。

1) 与工艺过程的特点有关的中断时间。与操作有关的不可避免的中断时间一般有循环和定期两种。循环指在机械工作的每个循环过程中重复一次。例如，汽车装货、卸货的停歇时间。定期指经过一定时间重复一次。例如，水磨石机从一个工作地点转移到另一工作地点发生的中断时间。

2) 与机械有关的中断时间。与机械有关的中断时间指用机械进行工作的工人，在准备与结束工作时，使机械暂停的中断时间，或者在维护保养机械时必须使其停转所发生的中断时间。

3) 工人休息时间。工人休息时间指工人必需的休息时间。

2. 非定额时间

(1) 多余或偶然工作时间。多余或偶然工作时间包括可避免的机械无负荷工作时间，指机械完成任务时无须包含的工作占用时间，例如，灰浆搅拌机工作时，工人没有及时供料而使机械空运转的延缓时间；机械在负荷下所做的多余工作，例如，混凝土搅拌机搅拌混凝土时超过规定的时间。

(2) 停工时间。停工时间按其性质可分为两种。

1) 施工本身造成的停工时间。施工本身造成的停工时间指施工组织不合理或

个人原因引起的机械停工时间。例如，没有施工工作面，未能及时给机械加水、加油，机械损坏等原因引起的机械停工时间。

2）非施工本身造成的停工时间。非施工本身造成的停工时间指由外部的影响所引起的机械停工时间。例如，水源、电源中断（非施工原因），气候条件的影响等原因引起的机械停工时间。

（3）违反劳动纪律损失时间。违反劳动纪律损失时间指由工人违反劳动纪律而引起的机械停工时间。

2.2.3 研究工作时间的目的

研究工作时间的目的是科学测定定额时间，技术测定法记录的最小工作时间，是完成工序所需的时间，这一时间是人工定额项目的基本时间，也是最重要的时间。施工过程对工序的划分和工作时间对定额工作时间的划分，是科学测定定额时间的基础。

内在关联的工序时间汇总构建为施工定额（企业定额）项目的人工工日数；内在关联的施工定额（企业定额）项目的人工工日数汇总构建为预算定额（计价定额）项目的人工工日数；内在关联的预算定额（计价定额）项目的人工工日数汇总构建为概算定额项目的人工工日消耗量。请读者认真想一想，概算定额的人工工日消耗量可以汇总构建为概算指标吗？为什么？

复习思考题

1. 什么是施工过程？请举例说明。

2. 构成施工过程的因素有哪些？

3. 施工过程是如何分解的？为什么要这样分解？

4. 影响施工过程的因素有哪些？

5. 工人工作时间包括哪些内容？

6. 机械工作时间包括哪些内容？

7. 为什么要研究工作时间？

8. 定额时间包括休息时间吗？为什么？

9. 什么是机械不可避免中断时间？它是定额时间吗？为什么？

10. 举例说明定额项目划分与施工过程的关系。

11. 表 2.1 是一个项目划分以及它们之间关系，表 2.1 中包含关键内容：

（1）表头列出了 4 种定额的项目名称，它们之间的关系是什么？包含或者汇总的是消耗量还是货币量？

（2）表尾列出了施工过程划分的项目，它们之间的关系是什么？为什么要划分施工过程？

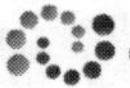

表 2.1　　定额项目划分与施工过程关系举例表

<table>
<tr><th colspan="4">定额项目划分及关系</th></tr>
<tr><th>概算定额项目</th><th>预算定额（计价定额）项目</th><th>企业定额（施工定额）项目</th><th>人工定额（台班定额）项目</th></tr>
<tr><td rowspan="16">预制矩形梁制、运、安</td><td rowspan="7">（1）预制矩形梁制作</td><td rowspan="3">1）预制矩形梁模板制安</td><td>①模板制作</td></tr>
<tr><td>②模板安装</td></tr>
<tr><td>③刷隔离剂</td></tr>
<tr><td rowspan="2">2）预制矩形梁混凝土浇捣</td><td>④混凝土运输</td></tr>
<tr><td>⑤混凝土浇捣</td></tr>
<tr><td rowspan="2">3）预制矩形梁养护</td><td>⑥混凝土养护</td></tr>
<tr><td>⑦模板拆除</td></tr>
<tr><td rowspan="5">（2）预制矩形梁运输</td><td>4）预制矩形梁生产厂堆放</td><td>⑧梁堆放</td></tr>
<tr><td rowspan="4">5）预制矩形梁运输</td><td>⑨梁装车</td></tr>
<tr><td>⑩矩形梁运输</td></tr>
<tr><td>⑪梁卸车</td></tr>
<tr><td>⑫梁堆放</td></tr>
<tr><td rowspan="4">（3）预制矩形梁安装</td><td rowspan="2">6）预制矩形梁安装</td><td>⑬矩形梁吊装</td></tr>
<tr><td>⑭支撑面砂浆找平</td></tr>
<tr><td rowspan="2">7）梁接头灌浆与预埋件安装</td><td>⑮接头灌浆</td></tr>
<tr><td>⑯预埋件安装</td></tr>
<tr><td>扩大分项工程</td><td>综合工作过程</td><td>工作过程</td><td>工序</td></tr>
</table>

第3章　技术测定法

技术测定法

知识目标

掌握写实记录法各组成部分划分方法；掌握工作日写实法各组成部分划分方法；掌握简易测定法各组成部分划分方法；熟悉简易测定法各组成部分划分方法；掌握选择测时法和接续测时法；掌握写实记录法的三种方法；熟悉工作日写实法和简易测定法。

能力目标

会填写选择法测时记录表；会验证观察次数的合理性；能填写数示法写实记录表；能进行工作日写实记录结果的整理；能采用写实记录法完成某一企业定额项目的测定工作。

3.1　概　　述

技术测定法是一种科学的调查研究方法。它是通过施工过程的具体活动进行实地观察，详细记录工人和机械的工作时间消耗量完成产品的数量及有关影响因素，并将记录结果进行科学的研究、分析，整理出可靠的原始数据资料，为制定定额提供可靠数据的一种科学方法。

技术测定资料对于编制定额、科学组织施工、改进施工工艺、总结先进生产者的工作方法等方面，都具有十分重要的作用。

3.1.1　技术测定的准备工作

按照进行的先后顺序，技术测定的准备工作一般包括以下内容：

1. 明确测定目的和正确选择测定对象

如前所述，技术测定的作用是多方面的。所以在进行测定前，应该首先明确测定目的。根据不同的测定目的选择测定对象，才能获得所需的技术测定资料。

（1）总结推广先进经验。如果是为了总结推广先进经验，则应选择先进班组（个人）或采用先进操作技术的班组（个人）作为测定对象。

（2）提高工效。如果为了帮助长期无法完成企业定额工作量的班组（个人）提高工效，则应选择长期无法完成企业定额的班组（个人）作为测定对象。

（3）编制定额。如果是为了编制企业定额，则应选择本企业有普遍代表性的班组（个人）作为测定对象。当然，也应选择一些比较先进和相对落后的部分班组（个人）作为参考对象。

2. 熟悉施工过程

在明确测定目标和选择好测定对象后，测定人员应熟悉所测施工过程的施工图、施工方案、施工准备、产品特征、劳动组织、材料供应、操作方法等情况；熟悉编制定额的有关规定，现行建筑安装工程施工及验收规范、技术操作规程及安全操作规程等有关技术资料。

只有掌握了上述情况、资料和有关规定后，才能准确地划分所测施工过程的组成部分并详细记录有关影响因素，保证技术测定资料的质量。

3. 划分施工过程的组成部分

将要测定的施工过程，分别按工序、操作或动作划分为若干组成部分，以便准确地记录时间和分析组成部分的合理性。

可以根据所采用的不同测定方法确定各组成部分划分的粗细程度。

（1）写实记录法划分各组成部分。采用写实记录法时，施工过程的各组成部分一般按工序进行划分，同时还应选定各组成部分的计量单位。

计量单位的选定力求具体，能够比较准确地反映产品数量，并应注意计算方便和在不同施工过程中保持稳定。

例如，砌砖墙施工过程组成部分的划分和计量单位的选定见表 3.1。

表 3.1　砌砖墙施工过程组成部分的划分和计量单位的选定表

序号	组成部分名称	计量单位	序号	组成部分名称	计量单位
1	拉准线	次	4	摆砖、砍砖	块
2	铲灰浆	m^3	5	砌砖	块
3	铺灰浆	m^3			

由于写实记录法对精确度要求较高，所测施工过程的组成部分也可以划分到操作。

为了准确记录时间，保证测时的精确度，在划分组成部分的同时，还必须明确各组成部分之间的分界点，这个分界点通常称为“定时点”。

定时点的确定可以是前一组成部分终了的那一点，也可以是后一组成部分开始的那一点。无论如何选择，这一点必须易于观察，并能保证延续时间的稳定。

例如，门框边梃机械打眼（用单头打眼机）的组成部分和定时点见表 3.2。

表 3.2　门框边梃机械打眼（用单头打眼机）的组成部分和定时点

序号	组成部分名称	定时点
1	把边梃料放进卡具拧紧	手触门框边梃料
2	打眼和移位	手触打眼机操作柄
3	翻料	松动卡具
4	打眼和移位	手触打眼机操作柄

（2）工作日写实法划分各组成部分。采用工作日写时法时，其组成部分应按定额时间和非定额时间划分。定额时间划分为基本工作时间、辅助工作时间、准备与结束工作时间、休息时间、不可避免中断时间。

非定额时间的具体划分可根据测定过程中实际出现损失时间的原因来确定。

（3）简易测定法划分各组成部分。采用简易测定法时，其组成部分一般划分为工作时间和损失时间两项即可。也可不划分组成部分，仅观察损失时间，最后从延续时间中减去损失时间，从而得出定额时间。

4. 测定工具的准备

为了满足测定过程中的实际需要，应准备好记录夹、测定所需的各种表格、计时器（表）、数码照相机或摄像机以及其他记录测定过程的必需品。

除了上述工作外，在测定工作开展之前，应向基层管理干部和工人讲清楚技术测定的意义和作用，获得他们的配合和帮助，从思想上、组织上为开展好技术测定工作创造条件，做好准备工作。

3.1.2 因素反映

因素反映就是调查并详述所测施工过程的有关基本因素。其目的在于对该施工过程从技术上和组织上做全面的鉴定和说明。这是技术测定过程中不可缺少的一项重要工作。

各种测定方法（包括测时法、写实记录法、工作日写实法等）所取得的技术数据与该施工过程有关的技术因素、组织因素及自然因素密切相关。

在同一施工过程中，即使相同的施工条件下，由于不同的工人进行操作，其完成产品的工作时间消耗也会有很大的差别。这就要求在技术测定过程中详细地反映出所测施工过程有关因素的状态特点及其数值。

只有准确地反映出所测施工过程的有关因素，测定资料的数据才具有使用价值。因此，每进行一次测定，应及时将所测施工过程的有关因素填写在专用的“因素登记表”里，因素登记表（表 3.3）填写要求如下：

表中“调查号次”栏，可暂不填写，待汇总整理资料时，按各份资料的测定时间先后统一编号。

“施工过程名称”栏，一般应按现行劳动定额项目划分的名称填写。

“班组日常效率情况”栏，应按班组平时完成现行人工定额的情况进行填写。

“材料和产品特征”栏，左半面填写材料类别、规格、质量、性能、产品特征等。

“工具、用具和机械特征”栏，填写所使用的工具和用具的必要资料，如使用新工具时应绘出图样；如有机械配合施工时，应将机械型号、性能、完好情况等做详细说明。

“工作地点平面图”栏，绘出施工场地的平面布置图，标明施工面大小、机械和堆放材料的位置以及运输道路等情况。

“施工过程的组织说明”栏，填写劳动组织及分工，该施工过程与相邻施工过程在组织上的联系，工人的劳动态度和技术熟练程度以及与施工组织有关的影响因素。

“施工过程的技术说明”栏，填写该施工过程的工作内容、各组成部分的操作方法、产品质量及安全措施等。

表 3.3　　因素登记表

<table>
<tr><td colspan="2">施工单位名称</td><td colspan="2">工地名称</td><td colspan="2">年　月　日</td><td colspan="2">调查号次</td><td>页次</td></tr>
<tr><td colspan="2"></td><td colspan="2"></td><td colspan="2"></td><td colspan="2"></td><td></td></tr>
<tr><td colspan="9">施工过程名称：</td></tr>
<tr><td colspan="6">班组日常效率情况：</td><td colspan="3">班长姓名：</td></tr>
<tr><td rowspan="2">姓名</td><td rowspan="2">年龄</td><td rowspan="2">文化程度</td><td rowspan="2">工种</td><td rowspan="2">等级</td><td colspan="2">工龄</td><td rowspan="2">工资形式</td><td rowspan="2">附注</td></tr>
<tr><td>本工种</td><td>其他</td></tr>
<tr><td></td><td></td><td></td><td></td><td></td><td></td><td></td><td></td><td></td></tr>
<tr><td colspan="6">材料和产品特征</td><td colspan="3">工具、用具和机械特征</td></tr>
<tr><td colspan="6"></td><td colspan="3"></td></tr>
<tr><td colspan="3">工作地点特征</td><td colspan="3">施工过程的组织说明</td><td colspan="3">施工过程的技术说明</td></tr>
<tr><td>工作位置</td><td colspan="2"></td><td colspan="3" rowspan="7"></td><td colspan="3" rowspan="7"></td></tr>
<tr><td>温度</td><td colspan="2"></td></tr>
<tr><td>天气情况</td><td colspan="2"></td></tr>
<tr><td>照明</td><td colspan="2"></td></tr>
<tr><td>采暖</td><td colspan="2"></td></tr>
<tr><td colspan="3">工作地点平面图</td></tr>
<tr><td colspan="3"></td></tr>
</table>

3.2 测时法

测时法是一种精确度比较高的技术测定方法，主要适用于研究以循环形成不断重复进行的施工过程。该方法主要用于观测研究循环施工过程、组成部分的工作时间消耗，不研究工人休息、准备与结束工作及其他非循环施工过程的工作时间消耗。

测时法可以为制定人工定额提供完成单位产品所必需的基本工作时间的可靠数据；可以分析研究工人的操作方法，总结先进经验，帮助工人班组提高劳动生产率。

3.2.1 测时法的分类

测时法按记录时间的方法不同，分为选择测时法和连续测时法两种。

1. 选择测时法

选择测时法又称间隔计时法或重点计时法。

采用选择测时法时，不是连续地测定施工过程全部循环工作的组成部分，而是每次有选择地、不按顺序测定其中某一组成部分的工时消耗。经过若干次选择测时后，直到填满表格中规定的测时次数，完成各个组成部分全部测时工作为止。

由于被观察的对象是循环施工过程，所以采用选择测时法，每次都有可能集中精力测定某一组成部分的工时消耗，经过不断反复测定，直到取得表格中所需的全部时间参数为止。

选择测时法记录时间的方法：测定开始时，立即开动秒表，到预定的定时点时，即刻停止秒表，此刻显示的时间，即为所测组成部分的延续时间。当另一组成部分开始时，再开动秒表，如此循环测定。

选择测时法的观测精度较高，观测技术比较复杂。

表 3.4 所示为选择测时法所用的表格和具体实例。测定开始之前，应将预先划分好的组成部分和定时点填入表格内。在测时记录时，可以按施工组成部分的顺序将测得的时间填写在表格的时间栏目内，也可以有选择地将测得的施工组成部分所需时间填入对应的栏目内，直到填满为止。

2. 接续测时法

接续测时法又称连续测时法。该方法强调对施工过程循环组成部分进行不间断地连续测定，不能遗漏任何一个循环的组成部分。

接续测时法在测定时间时使用具有辅助秒针的计时表。当测时开始时，立即开动秒表测到预定的定时点，这时辅助针停止转动，辅助针停止的位置即组成部分的时间点，记录下时间点后使辅助秒针继续转动，至下一个组成部分定时点再停止辅助针，记录时间点（辅助秒针停止时，计时表仍在继续走动），如此不间断地测时，直到全部过程测完为止。

在测定开始之前，也需将预先划分的组成部分和定时点分别填入测时表格内。每次测时，将组成部分的终止时间点填入表格，测时结束后再根据后一组成部分的终止时间计算出后一组成部分的延续时间，并将其填入表格中。表 3.5 所示为连续测时法的具体实例。

3.2.2 测时法的观察次数

对施工过程进行测时，观测次数的多少直接影响测时资料的精确度。因此，如何确定必要的观察次数，是一个需要研究解决的问题。

实践证明，在使用测时法时，尽管选择了比较正常的施工条件，但所测得的时间数列中，各组成部分的延续时间总是不会完全相等。这种偏差主要是由施工过程中各种因素共同作用造成的。因此，在测时过程中需要解决一个实际问题，就是每组观察对象中各组成部分应观察多少次才能取得比较准确的数值。一般来说，观察的次数越多，资料的准确性越高，但花费的时间和人力也多。为了确定必要又能保

表 3.4

选择测时法记录表

观察对象：大型屋面板吊装	施工单位	工地	日期	开始时间	终止时间	延续时间	观察号次	页次
				9:00	11:00	2h		

时间精度：1s　　施工过程名称：轮胎式起重机(QL_{3-6})吊装大型屋面板

号次	组成部分	定时点	每次循环的工时消耗/(s/块)										时间整理			产品数量	附注
			1	2	3	4	5	6	7	8	9	10	正常延续时间总和/s	正常循环次数	算术平均值		
1	挂钩	挂钩后松手离开吊钩	31	32	33	32	43	30	33	33	33	32	289	9	32.1	每循环一次吊装大型屋面板一块；每块重1.5t	挂了两次钩；吊钩下降高度不够，第一次没有脱钩
2	上升回转	回转结束后停止	84	83	82	86	83	84	85	82	82	86	837	10	83.7		
3	下落就位	就位后停止	56	54	55	57	57	69	56	57	56	54	502	9	55.8		
4	脱钩	脱钩后开始回升	41	43	40	41	39	42	42	38	41	41	408	10	40.8		
5	空钩回转	空钩回至构件堆放处	50	49	48	49	51	50	50	48	49	48	492	10	49.2		
		合计													261.6		

表 3.5

连续测时法记录表

观察:人力双轮车 对象:运标准砖	施工单位	工地	日期	开始时间	终止时间	延续时间	观察号次
				8:00	10:14	2h14min	
时间精度:1s							

号次	组成部分名称	时间	观察次数																				时间整理		
			1		2		3		4		5		6		7		8		9		10		时间总和/s	观察次数	算术平均值
			min	s	min	s	min	s	min	s	min	s	min	s	min	s	min	s	min	s	min	s			
1	装车	终止时间	5	50	19	25	32	43	46	18	59	44	12	57	26	13	39	29	53	03	6	22	3501	10	350.1
		延续时间		350		360		245		353		348		347		351		340		355		352			
2	运走	终止时间	6	50	20	26	33	41	47	19	0	43	13	55	27	15	40	29	54	02	7	24	603	10	60.3
		延续时间		60		61		58		61		59		58		62		60		59		62			
3	卸车	终止时间	12	30	26	01	39	29	53	00	6	15	19	28	32	54	46	12	59	33	12	58	3376	10	337.6
		延续时间		340		335		348		341		332		333		339		343		331		334			
4	空回	终止时间	13	25	26	58	40	25	53	56	7	10	20	22	33	45	47	08	0	30	13	53	556	10	55.6
		延续时间		55		57		56		56		55		54		55		56		57		55			

证测时资料准确性的观察次数，这里提供了测时所必需的观察次数表（见表3.6）和有关精确度的计算方法，可供测定过程中检查所测次数是否满足需要。

表3.6　测时法观察次数表

稳定系数 K_p	算术平均值精确度 E/%				
	观察次数				
	5以内	7以内	10以内	15以内	20以内
1.5	9	6	5	5	5
2.0	16	11	7	5	5
2.5	23	15	10	6	5
3.0	30	18	12	8	6
4.0	39	25	15	10	7
5.0	47	31	19	11	8

表中稳定系数为

$$K_p = \frac{t_{max}}{t_{min}}$$

式中　t_{max}——最大观测值；

t_{min}——最小观测值。

算术平均值精确度计算公式为

$$E = \pm \frac{1}{\overline{x}} \sqrt{\frac{\sum \Delta^2}{n(n-1)}}$$

式中　E——算术平均值精确度；

$\overline{x}$——算术平均值；

n——观测次数；

Δ——每一次观测值与算术平均值的偏差。

$$\sum \Delta^2 = \sum_{i=1}^{n} (x_i - \overline{x})^2$$

【例3.1】 根据表3.4所测数据，试计算该施工过程的算术平均值、算术平均值精确度和稳定系数，并判断观测此数是否满足要求。

解：（1）挂钩：

$$\overline{x} = \frac{1}{9} \times (31 + 32 + 33 + 32 + 30 + 33 + 33 + 33 + 32) = 32.1$$

$$\begin{aligned} \sum \Delta^2 &= (31 - 32.1)^2 + (32 - 32.1)^2 + (33 - 32.1)^2 + (32 - 32.1)^2 \\ &\quad + (30 - 32.1)^2 + (33 - 32.1)^2 + (33 - 32.1)^2 + (33 - 32.1)^2 + (32 - 32.1)^2 \\ &= 1.21 + 0.01 + 0.81 + 0.01 + 4.41 + 0.81 + 0.81 + 0.81 + 0.01 \\ &= 8.89 \end{aligned}$$

$$E = \pm \frac{1}{32.1} \sqrt{\frac{8.89}{9 \times (9-1)}} = \pm 1.09\%$$

$$K_p = \frac{33}{30} = 1.10$$

查表 3.6 可知，观察次数满足要求。

（2）上升回转：

$$\bar{x} = \frac{1}{10} \times (84 + 83 + 82 + 86 + 83 + 84 + 85 + 82 + 82 + 86)$$
$$= 83.7$$

$$\sum\Delta^2 = (84 - 83.7)^2 + (83 - 83.7)^2 + (82 - 83.7)^2 + (86 - 83.7)^2$$
$$+ (83 - 83.7)^2 + (84 - 83.7)^2 + (85 - 83.7)^2 + (82 - 83.7)^2$$
$$+ (82 - 83.7)^2 + (86 - 83.7)^2$$
$$= 0.09 + 0.49 + 2.89 + 5.29 + 0.49 + 0.09 + 1.69 + 2.89 + 2.89 + 5.29$$
$$= 22.1$$

$$E = \pm \frac{1}{83.7}\sqrt{\frac{22.1}{10 \times (10 - 1)}} = \pm 0.59\%$$

$$K_p = \frac{86}{82} = 1.05$$

查表 3.6 可知，观测次数满足要求。

（3）下落就位：

$$\bar{X} = \frac{1}{9} \times (56 + 54 + 55 + 57 + 57 + 56 + 57 + 56 + 54)$$
$$= \frac{1}{9} \times 502$$
$$= 55.8$$

$$\sum\Delta^2 = (56 - 55.8)^2 + (54 - 55.8)^2 + (55 - 55.8)^2 + (57 - 55.8)^2 + (57 - 55.8)^2$$
$$+ (56 - 55.8)^2 + (57 - 55.8)^2 + (56 - 55.8)^2 + (54 - 55.8)^2$$
$$= 0.04 + 3.24 + 0.64 + 1.44 + 1.44 + 0.04 + 1.44 + 0.04 + 3.24$$
$$= 11.56$$

$$E = \pm \frac{1}{55.8}\sqrt{\frac{11.56}{9 \times (9 - 1)}} = \pm 0.72\%$$

$$K_p = \frac{57}{54} = 1.06$$

查表 3.6 可知，观测次数满足要求。

（4）脱钩：

$$\bar{x} = \frac{1}{10} \times (41 + 43 + 40 + 41 + 39 + 42 + 42 + 38 + 41 + 41) = 40.8$$

$$\sum\Delta^2 = (41 - 40.8)^2 + (43 - 40.8)^2 + (40 - 40.8)^2 + (41 - 40.8)^2 + (39 - 40.8)^2$$
$$+ (42 - 40.8)^2 + (42 - 40.8)^2 + (38 - 40.8)^2 + (41 - 40.8)^2 + (41 - 40.8)^2$$
$$= 0.04 + 4.84 + 0.64 + 0.04 + 3.4 + 1.44 + 1.44 + 7.84 + 0.04 + 0.04$$
$$= 19.6$$

$$E=\pm\frac{1}{40.8}\sqrt{\frac{19.6}{10\times(10-1)}}=\pm1.14\%$$

$$K_p=\frac{43}{39}=1.10$$

查表3.6可知，观测次数满足要求。

(5) 空钩回转：

$$\overline{x}=\frac{1}{10}\times(50+49+48+49+51+50+50+48+49+48)=49.2$$

$$\begin{aligned}\sum\Delta^2&=(50-49.2)^2+(49-49.2)^2+(48-49.2)^2+(49-49.2)^2+(51-49.2)^2\\&\quad+(50-49.2)^2+(50-49.2)^2+(48-49.2)^2+(49-49.2)^2+(48-49.2)^2\\&=0.64+0.04+1.44+0.04+3.24+0.64+0.64+1.44+0.04+1.44\\&=9.60\end{aligned}$$

$$E=\frac{1}{49.2}\sqrt{\frac{9.60}{10\times(10-1)}}=\pm0.66\%$$

$$K_p=\frac{51}{48}=1.06$$

查表3.6可知，观测次数满足要求。

3.2.3 测时数据的整理

测时数据的整理，一般可采用算术平均法。对测时数据中个别延续时间误差较大的数值，在整理测时数据时可进行必要的清理，删去那些显然是错误以及误差很大的数值。

在清理测时数据时，应首先删掉完全是由于人为因素影响而出现的偏差，如工作时间处理其他事项、材料供应不及时造成的等候、测定人员记录时间的疏忽等，应全部予以删除。

其次，应去掉由于施工因素的影响而出现的偏差极大的延续时间。如手压刨刨料碰到节疤较多的木板；挖土机挖土时，挖土的边齿刮到大石块上等。此类误差大的数值还不能认为完全无用，可作为该项施工因素影响的资料，进行专门研究。

清理误差较大的数值时，不能单凭主观想象，也不能预先规定出偏差的百分比。为了妥善清理这些误差，可参照调整系数表（表3.7）和误差极限算式进行。

表3.7 误差调整系数表

观察次数	调整系数	观察次数	调整系数
5	1.3	11～15	0.9
6	1.2	16～30	0.8
7～8	1.1	31～53	0.7
9～10	1.0	53以上	0.6

极限算式为

$$lim_{max} = X + K(t_{max} - t_{min})$$
$$lim_{min} = X - K(t_{max} - t_{min})$$

式中 lim_{max}——最大极限；

lim_{min}——最小极限；

K——调整系数（由表 3.7 查用）。

清理的方法：首先从数据中删去人为因素影响而出现的误差极大的数值，然后根据保留下来的测时数据值，试抽去误差极大的可疑数值，用表 3.7 和极限算式求出最大极限或最小极限，最后再从数列中抽去最大或最小极限之外误差极大的可疑数值。

例如，从表 3.4 中号次 1 挂钩组成部分测时数据中的数值为 31、32、33、32、43、30、33、33、33、32，在这个数列中误差大的可疑数值为 43。根据上述方法，先抽去 43 这个数值，然后用极限算式计算其最大极限。计算过程如下：

$$X = \frac{31 + 32 + 33 + 32 + 30 + 33 + 33 + 33 + 32}{9} = 32.1$$

$$\begin{aligned} lim_{max} &= X + K(t_{max} - t_{min}) \\ &= 32.1 + 1.0 \times (33 - 30) \\ &= 35.1 \end{aligned}$$

由于 43＞35.1，显然应该从数据中抽去可疑数值 43。因此，所求算术平均修正值为 32.1。

如果一个测时数据中有两个误差大的可疑数值，应从最大的一个数值开始连续校验（每次只能抽出一个数值）。测时数据中如果有两个以上可疑数值时，该数据应予以放弃，重新进行观测。

测时数据经过整理后，将保留下来的数值计算出算术平均值，填入测时记录表的算术平均值栏内，作为该组成部分在相应条件下所确定的延续时间。

测时记录表中的“时间总和”栏与“循环次数”栏，也应按清理后的合计数填入。

3.3 写实记录法

写实记录法是技术测定的方法之一。它可以用来研究所有性质的工作时间消耗。写实记录法包括基本工作时间、辅助工作时间、不可避免中断时间、准备与结束工作时间、休息时间以及各种损失时间。

通过写实记录可以获得分析工作时间消耗和制定定额时所必需的全部资料。该方法比较简单，易于掌握，并能保证必要的精确度。因此，写实记录法在实际工作中得到广泛应用。

写实记录法分为个人写实记录和小组写实记录两种。由个人单独操作或产品数量可单独计算时，采用个人写实记录。如果由小组集体操作，而产品数量又无法单独计算时，可采用小组写实记录。

写实记录法记录时间的方法有数示法、图示法和混合法三种。计时工具采用有秒针的普通计时表即可。

3.3.1 数示法

数示法是直接采用数字记录时间的方法。这种方法可同时对两个以内的工人进行测定。该方法适用于组成部分较少且比较稳定的施工过程。

数示法的填表方法如下：

(1) 将拟定好的所测施工过程的全部组成部分，按其操作的先后顺序填写在第二栏中，并将各组成部分的编号依次填入第一栏内（表3.8）。

表3.8 数示法写实记录表

观察者：

工程名称		开始时间		延续时间		调查号次	
施工单位		结束时间		记录时间		页次	

施工过程：双轮车运土方（运距200m） 观察对象：李××

号次	组成部分名称	组成部分号次	起止时间		延续时间	完成产量		附注
			时-分	秒		计量单位	算量	
1	装土	×	8-20	0				
2	运输	1	22	50	2′50″	m^3	0.288	
3	卸土	2	26	0	3′10″	次	1	
4	空返	3	27	20	1′20″	m^3	0.288	
5	等候装土	4	30	0	2′40″	次	1	
6	喝水	5	31	40	1′40″			
		1	35	0	3′20″			
		2	38	30	3′30″			
		3	39	30	1′0″			每次产量： V＝每次容积 ＝1.2×0.6×0.4 ＝0.288(m^3) 共运4车 0.288×4＝1.152(m^3)
		4	42	0	2′30″			
		1	45	10	3′10″			
		2	47	30	2′20″			
		3	48	45	1′15″			
		4	51	30	2′45″			
		1	55	0	3′30″			
		2	58	0	3′0″			
		3	59	10	1′10″			
		4	9-02	05	2′55″			
		6	03	40	1′35″			
	小计				43′40″			

（2）第三栏填写工作时间消耗的组成部分的号次，其号次应根据第一、第二栏的内容填写，测定一个填写一个。

（3）第四、第五栏中，填写每个组成部分的起止时间。

（4）第六栏应在观察结束之后填写，将某一组成部分的终止时间减去前一组成部分的终止时间即得到该组成部分的延续时间。

（5）第七、第八栏分别填入该组成部分的计量单位和产量。

（6）第九栏填写有关说明和实际完成的总产量。

3.3.2 图示法

图示法是用表格画不同类型线条的方式来表示完成施工过程所需时间的方法。该方法适用于观察3个以内的工人共同完成某一产品施工过程，与数示法相比具有记录时间简便、明了的优点。

图示法写实记录表的填写方法见表3.9。

表3.9绘图线部分划分为许多小格，每格为1min，每张表可记录1h的时间消耗。为了记录方便，每5个小格和每10个小格都有长线和数字标记。

表3.9中的号次和各组成部分名称栏内，按所测施工过程组成部分出现的先后顺序填写，以便记录时间的线段相连接。

记录时间时，用铅笔或有色笔在各组成部分相应的横行中画直线段，每个工人一条线，每一线段的始末端，应与该组成部分的开始时间和终止时间相符合。工作1min，直线段延伸一个小格，测定2个或3个的工人工作时，最好使用粗、细线段或不同颜色的笔画线段，以便区分各个工人的工作时间。当工人的操作由某组成部分转入到另一组成部分时，时间线段也应随时改变其位置，并将前一线段的末端划一垂直线与后一线段的始端相连接。

“时间小计”栏，在观察结束后，及时将每一组成部分所消耗的时间累加求和后填入。最后将各小计累加求和后填入“合计”栏内。

“产品数量”栏，按各组成部分的计量单位和所完成的产量填写。

“附注”栏应简明扼要地说明影响因素和造成非定额时间产生的原因。

3.3.3 混合法

混合法写实记录时间是吸取了数示法和图示法的优点而设计的一种测时方法。该方法的特点：用图示法表格记录施工过程各组成部分的延续时间，而完成每一组成部分的工人人数则用数字表示。

混合法适用于同时观察3个及3个以上工人工作时的集体写实记录，其优点是比较经济、简便。

混合法记录时间应采用混合法写实记录表，其填表方法见表3.10。

表3.10中号次和各组成部分的名称栏中内容的填写方法与图示法相同。所测施工过程各组成部分的延续时间用相应的直线段表示，完成该组成部分的工人人数用数字填写在该时间段直线的上面。当某一组成部分的工人人数发生变化时，应立

表 3.9　　图示法写实记录表

工地名称	×××	开始时间	8:00	延续时间	1h	调查号次	
施工单位	×××	终止时间	9:00	记录日期	2018年7月5日	页次	1
施工过程	砌1砖厚单面清水墙	观察对象	张××（四级工）、王××（三级工）				

导次	各组成部分名称	时间/min 5 10 15 20 25 30 35 40 45 50 55 60	时间小计/min	产品数量	附注
1	挂线	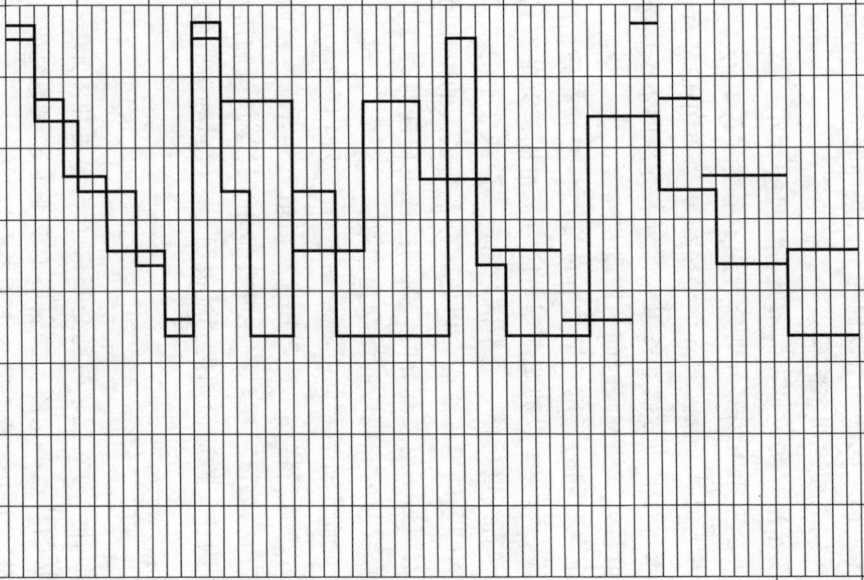	12		
2	铲灰浆		22		
3	铺灰浆		27		
4	摆砖、砍砖		28		
5	砌砖		31	0.48m³	
观察者：		合计	120		

表 3.10

混合法写实记录表

观察对象：砖工	施工单位名称	日期	开始时间	终止时间	延续时间	页次
六级工1人、四级工1人、三级工3人	×××	2018年7月5日	8:00	9:00	1h	××
	工作过程名称：砌一砖厚标准砖墙					

号次	各组成部分名称	记录（时间 5、10、15、20、25、30、35、40、45、50、55 min）	时间小计/min	产品数量	附注
1	挂线	1 1 1 1 1 1	6	完成产品数量按半个工作班计算 8.45m³	
2	铲灰浆	1 1 1	6		ⓐ因运灰浆耽误的停工时间
3	铺灰浆	1 1 1 1 1	40		
4	摆砖、砍砖	2 1 1 1 1 2 1 1 1 1 1 1	48		
5	砌砖	1 3 2 3 2 3 2 3 2 3 1 2 3 2 1 2 3 2 3 2 3 2	115		ⓑ小组工人迟到5min
6	工作转移	2 1 1 1 1 1 1 2 1 1 1 1 1	17		
7	休息	2 2 2 2 1	18		
8	施工本身停工	2 3 ⓐ 1	25		
9	违反劳动纪律	5 ⓑ	25		
观察：		复核：	合计 300		

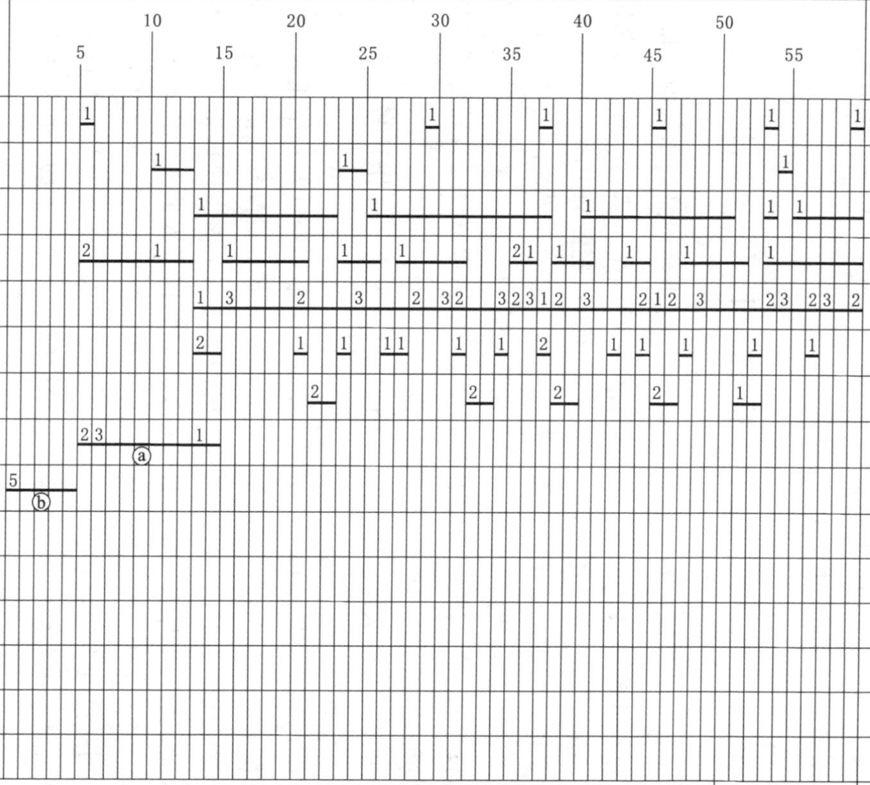

即将变动后的人数填在线段表示部位的变动处。

应该注意，当某一组成部分的工人人数发生变动时，必然会引起另一组成部分或数个组成部分中工人人数的变动。

因此，在观察过程中，应随时核对各组成部分在同一时间内的工人人数，是否等于观察对象的总人数，如发现人数不符时，应立即纠正。

说明：混合法记录时间，不论测定多少工人的工作时间，在所测施工过程各组成部分的时间栏内只用一条直线表示。当工人由某组成部分转向另一组成部分时，不作垂直线连接。

“产品数量”和“附注”栏的填写方法见表3.10。

混合法写实记录表整理数据时，应将所测施工过程每一组成部分中各个线段的时间分别计算出来，即将工人人数与他们的工作时间相乘，然后将所得各值相加，求出某一组成部分的时间消耗小计，填入时间小计栏内。最后将各组成部分的时间小计求和后，填入合计栏内。

3.4　工作日写实法

工作日写实法，是对工人在整个工作日中的工时利用情况，按照时间消耗的顺序，进行实地观察、记录和分析研究的一种测定方法。它可以为制定人工定额提供必要的准备与结束工作时间、休息时间和不可避免的中断时间等资料。

工作日写实法的主要作用：在详细调查工时利用情况的基础上，分析哪些时间消耗对生产是有效的，哪些时间消耗是无效的，进而找出工时损失的原因，拟定改进的技术和组织措施，消除引起工时损失的因素，促进劳动生产率的提高，同时为编制定额提供基础资料。

工作日写实法按写实的对象不同，可分为个人工作日写实、小组工作日写实和机械工作日写实。

(1) 个人工作日写实。个人工作日写实是一种针对单个工人进行工时消耗记录和分析的方法。它通过详细记录工人在一个完整工作日内的所有活动，包括工作任务、开始和结束时间、中断及休息时间等，来全面反映该工人的工作效率和时间利用情况。个人工作日写实的目的在于准确掌握工人的实际工时消耗，为制定合理的工作定额、评估工作效率、优化工作流程以及进行个人绩效管理提供可靠的数据支持。通过这种方法，管理层可以深入了解工人的工作习惯、技能水平以及潜在的时间浪费点，从而有针对性地提出改进措施，提升个人的工作效率和企业的整体运营效能。

(2) 小组工作日写实。小组工作日写实则是将关注焦点放在一个小组内的工人群体上，记录并分析他们在工作日内的工时消耗情况。这个小组可以是由相同工种的工人组成，以便收集同工种工人的工时消耗资料，用于评估工种效率、制定工种定额等；也可以是由不同工种的工人组成，以考察小组内部各工种之间的协作效率、劳动组织是否合理等。小组工作日写实的目的在于通过全面了解小组的工作状

况，为优化劳动组织、提高小组整体效率、制定小组定额以及促进工种间协同作业提供科学依据。它有助于发现小组工作中的瓶颈和问题，推动小组内部的持续改进和协作提升。

(3) 机械工作日写实。机械工作日写实是针对某一特定机械在一个台班（即一个工作日）内的工作效能进行测定和分析的方法。它重点关注机械在作业过程中的实际运行状况、效能发挥程度以及与之配合的劳动组织是否合理。通过记录机械的工作时间、停机时间、维修时间等关键指标，并结合与之相关的人工操作情况，机械工作日写实旨在揭示机械使用的效率瓶颈、浪费现象以及潜在的改进空间。其目的在于通过优化机械使用、提高机械效能、合理配置人力资源，实现机械与人工的最佳协同作业，从而最大限度地发挥机械的效能，提升企业的生产效率和经济效益。

3.4.1 工作日写实法的基本要求

1. 因素登记

由于工作日写实主要研究工时利用和损失时间，不按工序研究基本工作时间和辅助工作时间的消耗；因此，在填写因素登记表时，应对施工过程的组织和技术进行简单说明。

2. 时间记录

个人工作日写实采用图示法记录时间；小组工作日写实采用混合法记录时间；机械工作日写实采用混合法或数示法记录时间。

3. 延续时间

工作日写实法以一个工作日为准，如其完成产品的时间消耗大于8h，则应酌情延长观察时间。

4. 观察次数

工作日写实法的观察次数，应根据不同的目的要求确定。一般来说，如为了总结先进工人的工时利用经验，应测定1～2次；为了掌握工时利用情况或制定定额，应测定3～5次；为了分析造成损失时间的原因，改进施工管理，应测定1～3次。这样，才能取得所需的有价值的资料。

3.4.2 工作日写实记录结果的整理

工作日写实记录的结果，采用专门的工作日写实结果表（表3.11和表3.12）。

表3.11中，“工时消耗分类”栏，按定额时间和非定额时间分类预先印好。“施工过程中的问题与建议”栏，应根据工作日写实记录资料，分析造成非定额时间的有关因素，提出切实可行、有效的技术与组织措施的建议。在研究和拟定具体措施时，要注意听取有关技术人员、施工管理人员和工人的意见，尽可能使改进意见符合客观实际情况。

表 3.11　工作日写实结果表

<table>
<tr><td>施工单位名称</td><td>测定日期</td><td>延续时间</td><td>调查号次</td><td>页次</td></tr>
<tr><td></td><td>2018 年 8 月 3 日</td><td>8h30min</td><td>1</td><td>2</td></tr>
<tr><td>施工过程名称</td><td colspan="4">钢筋混凝土直形墙模板安装</td></tr>
</table>

<table>
<tr><td colspan="4">工时消耗表</td><td rowspan="2">施工过程中的问题与建议</td></tr>
<tr><td>序号</td><td>工时消耗分类</td><td>时间消耗/min</td><td>百分比/%</td></tr>
<tr><td></td><td>Ⅰ. 定额时间</td><td></td><td></td><td rowspan="24">本资料造成非定额时间的原因主要是：
1. 劳动组织不合理，前 1h 由 3 人操作，后 7.50h 由 4 人操作，在实际工作中经常出现人等工的现象。
2. 等材料，上班后领料时未找到材料而造成等工。
3. 产品不符合要求返工，由于技术要求马虎，工人对产品规格要求也未真正弄清楚，结果造成返工。
4. 违反劳动纪律，主要是上班迟到和工作时间聊天。
建议：
切实加强施工管理工作，上班前要认真做好技术交底；职能人员要坚守工作岗位，保证材料及时供应，并应预先办好领料手续，提前领料；科学地按定额规定安排劳动力，加强劳动纪律教育，按时上班，集中精力工作。
经认真改善后，劳动效率可提高 26%左右</td></tr>
<tr><td>1</td><td>基本工作时间：适用于技术水平的</td><td>1128</td><td>73.73</td></tr>
<tr><td>2</td><td>不适于技术水平的</td><td>—</td><td>—</td></tr>
<tr><td>3</td><td>辅助工作时间</td><td>51</td><td>3.33</td></tr>
<tr><td>4</td><td>准备与结束时间</td><td>16</td><td>1.05</td></tr>
<tr><td>5</td><td>休息时间</td><td>11</td><td>0.72</td></tr>
<tr><td>6</td><td>不可避免的中断时间</td><td>8</td><td>0.52</td></tr>
<tr><td>7</td><td>合计</td><td>1214</td><td>79.35</td></tr>
<tr><td></td><td>Ⅱ. 非定额时间</td><td></td><td></td></tr>
<tr><td>8</td><td>由于劳动组织的缺点而停工</td><td>18</td><td>1.18</td></tr>
<tr><td>9</td><td>由于缺乏材料而停工</td><td>104</td><td>6.80</td></tr>
<tr><td>10</td><td>由于工作地点未准备好而停工</td><td>—</td><td>—</td></tr>
<tr><td>11</td><td>由于机具设备不正常而停工</td><td>—</td><td>—</td></tr>
<tr><td>12</td><td>产品质量不符合要求返工</td><td>128</td><td>8.36</td></tr>
<tr><td>13</td><td>偶尔停工（包括停电、水、暴风雨）</td><td>—</td><td>—</td></tr>
<tr><td>14</td><td>违反劳动纪律</td><td>66</td><td>4.31</td></tr>
<tr><td>15</td><td>其他损失时间</td><td>—</td><td>—</td></tr>
<tr><td>16</td><td>合计</td><td>316</td><td>20.65</td></tr>
<tr><td>17</td><td>时间消耗总计</td><td>1530</td><td>100.00</td></tr>
<tr><td colspan="4">完成定额情况</td></tr>
<tr><td>定额编号</td><td>§8-4-45</td><td>完成产品数量</td><td>53.15m²</td></tr>
<tr><td rowspan="2">定额工时</td><td>单位</td><td colspan="2">0.51 工日/10m²</td></tr>
<tr><td>总计</td><td colspan="2">2.71</td></tr>
<tr><td>完成定额情况</td><td colspan="3">实际：$\frac{2.71\times 8\times 60}{1530}\times 100\%=85.02\%$
可能：$\frac{2.71\times 8\times 60}{1214}\times 100\%=107.15\%$</td></tr>
</table>

表 3.12　　　　工作日写实结果汇总表

施工单位名称		工种				木工	
测定日期		2018年8月3日	2018年6月2日	2018年6月7日	2018年7月2日	加权平均值	备注
延续时间		8.5h	8h	8h	8h		
工作名称		安墙模	安基础模	安杯基膜	安杯基膜		
班（组）长姓名		赵××	潘××	朱××	李××		
班（组）人数		3人	2人	3人	4人		
序号	工时消耗分类	时间消耗百分比/%					
	Ⅰ. 定额时间						
1	基本工作时间：适于技术时间，不适于技术水平	73.73	75.91	62.80	91.22	77.19	
2		—	—	—	—	—	
3	辅助工作时间	3.33	1.88	2.35	1.48	2.23	
4	准备与结束时间	1.05	1.90	2.60	0.56	1.42	
5	休息时间	0.72	3.77	2.98	4.18	2.95	
6	不可避免中断时间	0.52	—	—	—	0.12	
7	合计	79.35	83.46	70.73	97.44	83.91	
	Ⅱ. 非定额时间						
8	由于劳动组织的缺点而停工	1.18	7.74	—	—	1.59	
9	由于缺乏材料而停工	6.80	—	12.40	—	4.80	
10	由于工作地点未准备好而停工	—	3.52	5.91	—	2.06	
11	由于机具设备不正常而停工	—	—	—	—	—	
12	偶然停工（停电、停水、暴风雨）	—	—	3.24	—	0.81	
13	产品质量不符合要求施工	8.36	5.28	—	1.60	3.50	
14	违反劳动纪律	4.31	—	7.72	0.96	3.33	
15	其他损失时间	—	—	—	—	—	
16	合计	20.65	16.54	29.27	2.56	16.09	
17	消耗时间总计	100.00	100.00	100.00	100.00	100.00	
完成定额百分比	实际（包括损失）	85.02%	112%	84%	123%	101.92%	
	可能（不包括损失）	107.15%	129%	118%	126%	119.79%	

工作日写实结果表的主要内容填写步骤如下：

（1）根据观测资料将定额时间和非定额时间的消耗（以分为单位）填入“时间

消耗”栏内，并分别合计和总计。

(2) 根据各定额时间和非定额时间的消耗量和时间总消耗量分别计算各部分的百分比。

(3) 将工作日内完成产品的数量统计后，填入完成情况表中的完成产品数量栏内。

(4) 查用人工定额编号和内容，将定额工时消耗量填入“定额工时”的单位栏内。

(5) 根据完成产品数量和定额的单位用量计算总工时消耗量。

(6) 根据定额总工时消耗量和实际工时消耗量计量完成定额情况。

(7) 将施工过程中的问题与建议填入表内。

表3.12中加权平均值的计算方法为

$$\overline{X}=\frac{\sum R\times P}{\sum R}$$

式中 $\overline{X}$——加权平均值；

R——各工作日写实结果表中的人数；

P——各类工时消耗百分比。

【例3.2】 表3.12中，各工作日写实结果汇总中的人数分别为3人、2人、3人、4人，基本工作时间消耗的百分率为73.73%、75.91%、62.80%、91.22%，求加权平均百分率。

解：

$$\begin{aligned}\overline{X}&=\frac{\sum R\times P}{\sum R}\\&=\frac{3\times 73.73\%+2\times 75.91\%+3\times 62.80\%+4\times 91.22\%}{3+2+3+4}\\&=77.19\%\end{aligned}$$

3.5 简易测定法

简易测定法就是对前述几种测定方法予以简化，但仍然保持了现场实地观察记录的基本原则。它的特点为方法简便，易于掌握，花费人力少。该方法在为了掌握某工种的定额完成情况，制定企业补充定额时经常采用。简易测定法的不足之处是精确度较低。

3.5.1 时间记录

简易测定法采用混合法表格的格式记录时间消耗（表3.10），表3.10中，每一小格为15min，每一横行可记录10h。每张表可以对同一施工过程测3～4次。表3.10中因素说明栏的主要内容：工作内容、操作方法、使用机具、使用材料、产品特征和质量情况、劳动态度以及造成损失时间的原因等。

3.5.2 简易测定结果汇总

简易测定结果表（表3.13）的填写方法如下：

(1) 表3.13中“施工日期”“劳动组织”“完成产品数量”“工时消耗”等栏，均按简易测定记录表中的内容填写。

(2)“工时消耗”栏中，包括损失的消耗是指2个工人消耗的全部时间，不包括损失的消耗是指简易测定记录表中总计工时消耗。

(3)“单位产品所需时间”栏中，“实际”时间根据“包括损失时间”除以产品数量求得，可能时间根据“不包括损失时间”除以产品数量求得，“现行定额”根据查劳动定额“§16－3－54”的定额数据取得。

(4)“单位产品所需时间”栏内，“实际”时间0.668＝(0.624＋0.671＋0.709)÷3，“可能”时间0.534＝(0.500＋0.536＋0.565)÷3。

(5)“完成定额情况”栏中，“实际”百分比15.12%＝0.769÷0.668，“可能”百分比144.01%＝0.769÷0.534。

(6)“工人讨论意见”栏是根据工人讨论提出具体意见，并与现行定额比较后确定的数值。

(7) 表3.13下方的汇总说明，主要是完成定额情况对比中有关工作内容及附加说明、工人讨论提高或降低定额水平的原因、测定人员对本资料的评价等。

表3.13　　简易测定结果汇总表

<table>
<tr><td colspan="2" rowspan="2">项目名称</td><td colspan="3" rowspan="2">窗框安装（6m以内）</td><td>计量单位</td><td colspan="2">定额编号</td></tr>
<tr><td>10樘</td><td colspan="2">§16－3－54</td></tr>
<tr><td colspan="2">施工日期</td><td>2020年12月1日</td><td>2020年12月1日</td><td>2020年12月1日</td><td colspan="3">结论</td></tr>
<tr><td colspan="2">劳动组织</td><td>五级工－1
四级工－1</td><td>五级工－1
四级工－1</td><td>五级工－1
四级工－1</td><td>调查次数/次</td><td colspan="2">3</td></tr>
<tr><td colspan="2">完成产品数量</td><td>2.5</td><td>2.8</td><td>2.3</td><td rowspan="2">单位产品内所需时间/工日</td><td>实际</td><td>0.668</td></tr>
<tr><td rowspan="2">工时消耗/工日</td><td>包括损失</td><td>1.56</td><td>1.88</td><td>1.63</td><td>可能</td><td>0.534</td></tr>
<tr><td>不包括损失</td><td>1.25</td><td>1.50</td><td>1.30</td><td rowspan="2">完成定额情况/%</td><td>实际</td><td>15.12</td></tr>
<tr><td rowspan="3">单位产品所需时间/工日</td><td>实际（包括损失）</td><td>0.624</td><td>0.671</td><td>0.709</td><td>可能</td><td>144.01</td></tr>
<tr><td>可能（不包括损失）</td><td>0.500</td><td>0.536</td><td>0.565</td><td colspan="2">工人讨论意见/工日</td><td>0.769</td></tr>
<tr><td>现行定额</td><td colspan="3">0.769</td><td colspan="2">比现实行定额提高或降低/%</td><td>0</td></tr>
</table>

制表者：

现行定额中包括钉护口条（不钉护口条者不减工），但本资料工作内容中未包括钉护口条，超额幅度较大，所以工人在讨论中认为，现行定额水平比较符合实际，若不钉护口条者，可适当减工。

因素说明：

（1）本资料包括摆放定位、吊正、找平、固定支撑等工作内容，未包括钉护口条。

（2）手工操作采用一般工具。

（3）实行计件工资制，劳动态度正常。

（4）质量合乎要求。

（5）损失时间主要是其他工作和闲谈。

复习思考题

1. 技术测定法的准备工作有哪些？
2. 如何确定各工序之间的“定时点”？
3. 测时法适合测定什么施工过程的时间定额？
4. 接续选择测时法适合测定什么施工过程的时间定额？
5. 如何验证测时法的观察次数？
6. 如何整理测时法获取的数据？
7. 简述“图示法”获取定额数据的方法。
8. 混合法适用于什么情况下的定额数据写实记录？
9. 通过写实记录法可以获得哪几个方面的客观数据？
10. 如何整理工作日写实记录结果？
11. 简述简易测定法的特点。

第4章　定额材料消耗量理论计算法

定额材料消耗量理论计算法

知识目标

掌握标准砖墙体材料用量计算方法；掌握砌块墙材料用量计算方法；掌握装饰块料用量计算方法；熟悉砂浆配合比用量计算方法；熟悉石膏灰浆配合比用量计算方法。

能力目标

会计算240mm厚标准砖墙体材料用量；会计算200mm厚空心砌块墙材料用量；会计算地砖用量；会计算石膏板天棚用量。

4.1　砌体材料用量计算

4.1.1　标准砖墙体材料用量计算

标准砖墙体材料用量计算包括标准砖用量计算和砌筑砂浆用量计算。

1. 标准砖用量计算

（1）计算公式：

$$每立方米墙体标准砖净用量(块)=\frac{2\times 墙厚的砖数}{墙厚\times(砖长+灰缝)\times(砖厚+灰缝)}$$

由于标准砖尺寸为240mm×115mm×53mm，当灰缝取定为10mm时，可以写成：

$$每立方米墙体标准砖净用量(块)=\frac{2\times 墙厚的砖数}{墙厚\times(0.24+0.01)\times(0.053+0.01)}$$

（2）计算公式解读：

上述计算公式的物理意义如何理解呢？下面将公式分解后做进一步解读。

第一步，公式中分母“墙厚×0.25×0.063”的含义，表达了在砌体中包含灰缝的，具有代表性的“标准块”体积，240mm厚砖墙标准块示意如图4.1所示。标准块是指构成砌体的基本块。

第二步，确定$1m^3$砌体有多少这样的标准块，计算方法为$1m^3$/(墙厚×0.25×0.063)。

第三步，确定每个标准块中有几块标准砖。因为墙厚不同时，每个标准块中标准砖的数量是不同的，常见墙厚的标准块中标准砖数量见表4.1。

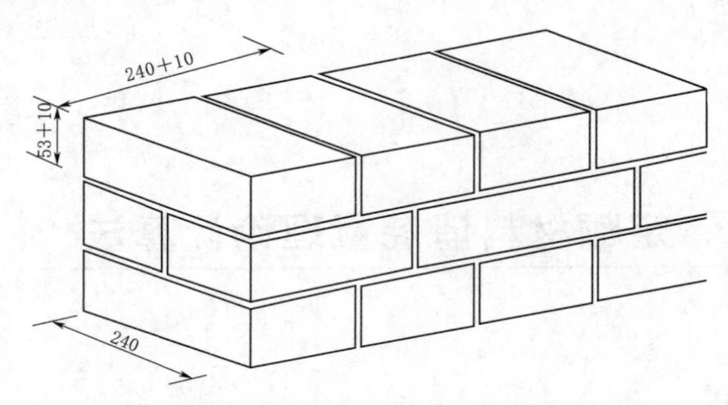

图 4.1　240mm 厚砖墙标准砖块示意图（单位：mm）

表 4.1　　常见墙厚的标准块中标准砖数量

墙厚/mm	115	180	240	365	490
标准块中标准砖数量	1	1.5	2	3	4

例如，当墙厚为 240mm 时，每个标准块中的标准砖数量为 2 块，则每立方米砌体中标准砖数量为

$$\frac{1\text{m}^3}{\text{墙厚}\times 0.25\times 0.063}\times\text{标准块中砖数}=\frac{1\text{m}^3}{0.24\times 0.25\times 0.063}\times 2$$

$$=529.1(\text{块}/\text{m}^3)$$

第四步，通过分析可知，不同墙厚标准块中标准砖的数量与标准砖的长度有关，也就是说，可以用标准砖的长度来表达墙厚。例如，115mm 厚砖墙的墙厚是标准砖长度的一半，称为半砖墙；180mm 厚砖墙的墙厚是标准砖长度的 0.75 倍，称为 3/4 砖墙；240mm 厚砖墙的墙厚是一个标准砖长度，称为一砖墙，诸如此类。

这时，用砖长来表示墙厚，就可以用该方法将不同墙厚的标准块中标准砖的数量表达为墙厚的砖数，其对应关系见表 4.2。

表 4.2　　墙厚的砖数表达说明表

墙厚/mm	115	180	240	365	490
墙厚的砖数	0.5	0.75	1.0	1.5	2.0
标准块中砖数（墙厚的砖数×2）	1.0	1.5	2.0	3.0	4.0

将这一表达方式代入公式得

$$\text{每立方米墙体标准砖净用量(块)}=\frac{1\text{m}^3}{\text{墙厚}\times 0.25\times 0.063}\times\text{标准块中砖数}$$

$$=\frac{1\text{m}^3}{\text{墙厚}\times 0.25\times 0.063}\times 2\times\text{墙厚的砖数}$$

$$=\frac{2\times\text{墙厚的砖数}}{\text{墙厚}\times 0.25\times 0.063}$$

(3) 计算实例：

【例 4.1】 计算 $1m^3$365mm 厚标准砖墙的砖净用量（灰缝为 10mm）。

解： 每立方米一砖半厚墙体标准砖净用量（块）为

$$\frac{2\times 1.5}{0.365\times 0.25\times 0.063}=521.9(\text{块})$$

2. *砌筑砂浆用量计算*

(1) 计算公式：

每立方米标准墙砌筑砂浆净用量(m^3)＝$1m^3$ 砌体－$1m^3$ 砌体标准砖净体积

＝1－0.24×0.115×0.053×标准砖量

＝1－0.0014628×标准砖数量

(2) 计算实例：

【例 4.2】 分别计算 490mm 厚砖墙标准砖和砌筑砂浆净用量。

解： 每立方米二砖厚墙体标准砖净用量（块）为

$$\frac{2\times 2}{0.490\times 0.25\times 0.063}=518.3(\text{块})$$

每立方米 490mm 厚标准墙砌筑砂浆净用量(m^3)＝$1m^3$ 砌体－$1m^3$ 砌体标准砖净体积＝1－0.24×0.115×0.053×518.3＝0.242(m^3)

4.1.2 砌块墙材料用量计算

砌块墙材料用量计算包括砌块用量和砌筑砂浆用量计算。

1. *砌块用量计算*

(1) 计算公式：

$$\text{每立方米墙体砌块净用量(块)}=\frac{\text{标准块中砌块用量}}{\text{标准块(含灰缝)的体积}}$$

$$=\frac{\text{标准块中砌块用量}}{\text{墙厚}\times(\text{砌块长}+\text{灰缝})\times(\text{砌块厚}+\text{灰缝})}$$

(2) 计算公式解读：

第一步，变换计算公式得

$$\text{每立方米墙体砌块净用量}=\frac{1m^3}{\text{墙厚}\times(\text{砌块长}+\text{灰缝})\times(\text{砌块厚}+\text{灰缝})}\times\text{标准块中砌块用量}$$

第二步，分母“墙厚×（砌块长＋灰缝）×（砌块厚＋灰缝）”是构成墙体具有代表性的体积，即标准块体积。

第三步，$\frac{1m^3}{\text{墙厚}\times(\text{砌块长}+\text{灰缝})\times(\text{砌块厚}+\text{灰缝})}$的含义为 $1m^3$ 墙体中有多少个标准块。

第四步，求出 $1m^3$ 墙体中有多少个标准块，再乘以每个标准块的砌块用量，就得出 $1m^3$ 墙体中砌块的总用量。

（3）计算实例：

【例4.3】 计算砌块尺寸为390mm×90mm×90mm，墙厚为190mm的混凝土空心砌块墙的砌块净用量（灰缝为10mm）。

解：

$$每立方米墙体砌块净用量(块)=\frac{标准块中砌块用量}{墙厚\times(砌块长+灰缝)\times(砌块厚+灰缝)}$$

$$=\frac{1m^3}{墙厚\times(砌块长+灰缝)\times(砌块厚+灰缝)}\times标准块中砌块用量$$

$$=\frac{1}{0.19\times(0.39+0.01)\times(0.19+0.01)}$$

$$=65.8(块)$$

2. *砌筑砂浆用量*

（1）计算公式：

每立方米砌块墙砌筑砂浆净用量（m^3）$=1m^3$ 砌体$-1m^3$ 砌体中砌块净用量体积。

（2）计算实例：

【例4.4】 根据【例4.3】有关数据，计算190mm厚每立方米砌块墙砌筑砂浆净用量。

解： 每立方米190mm厚砌块墙砌筑砂浆净用量（m^3）$=1-0.39\times0.19\times0.19\times65.8=0.074(m^3)$

4.1.3　标准砖基础的材料用量计算

等高式放脚基础标准砖用量计算的约定如下：砖基础只包括从最上面一层放脚上表面，至最下一层放脚下表面的体积，见图4.2；每层放脚的放出宽度为62.5mm，每层放脚的高度为126mm；砖基础灰缝为10mm。

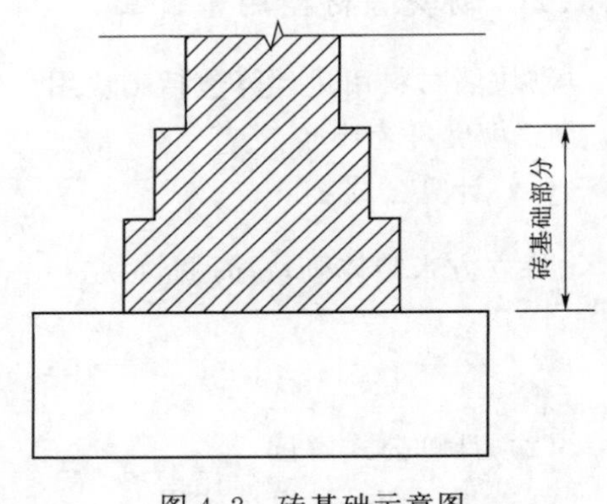

图4.2　砖基础示意图

1. 计算公式

每立方米砖基础标准砖净用量(块)

$$=\frac{(墙厚的砖数\times2\times层数+\sum放脚层数值)\times2}{(墙厚\times放脚层数+放脚宽\times2\times\sum放脚层数值)\times放脚层数高\times(砖长+灰缝)}$$

$$=\frac{(墙厚的砖数\times2\times层数+\sum放脚层数值)\times2}{(墙厚\times放脚层数+0.0625\times2\times\sum放脚层数值)\times0.126\times0.25}$$

每立方米砖基础标准砖净用量计算公式的总体思路与墙体标准砖净用量的思路基本相同，即计算式中分母的含义为等高式大放脚基础标准块的体积；分子的含义

为基础标准块中标准砖的用量。

因此，只要先计算每立方米砖基础中有多少个标准块，再乘以每个标准块中标准砖的数量，就可以得到每立方米砖基础标准砖的净用量。

2. 计算实例

【例 4.5】 某标准砖基础的基础墙厚 115mm，有两层等高式放脚，试计算该基础每立方米标准砖净用量。

解： 每立方米砖基础标准砖用量

$$=\frac{(\text{墙厚的砖数}\times 2\times\text{层数}+\sum\text{放脚层数值})\times 2}{(\text{墙厚}\times\text{放脚层数}+0.0625\times 2\times\sum\text{放脚层数值})\times 0.126\times 0.25}$$

$$=\frac{(0.5\times 2\times 2+3)\times 2}{(0.115\times 2+0.0625\times 2\times 3)\times 0.126\times 0.25}$$

$$=\frac{10}{0.0190575}=524.73(\text{块})$$

【例 4.6】 某标准砖基础，基础墙厚 240mm，有三层等高式放脚，试计算该基础每立方米用标准砖净用量。

解： 每立方米砖基础标准砖净用量

$$=\frac{(\text{墙厚的砖数}\times 2\times\text{层数}+\sum\text{放脚层数值})\times 2}{(\text{墙厚}\times\text{放脚层数}+0.0625\times 2\times\sum\text{放脚层数值})\times 0.126\times 0.25}$$

$$=\frac{(1\times 2\times 3+6)\times 2}{(0.24\times 3+0.0625\times 2\times 6)\times 0.126\times 0.25}$$

$$=\frac{24}{0.046305}=518.30(\text{块})$$

4.2 装饰块料用量计算

4.2.1 铝合金装饰板

1. 计算公式

$$\text{每 }100\text{m}^2\text{ 合金装饰板净用量}=\frac{100}{\text{块长}\times\text{块宽}}$$

2. 计算实例

【例 4.7】 计算用 800mm×600mm 规格的铝合金压型装饰板，装饰 100m² 天棚的净用量。

解：

$$\text{每 }100\text{m}^2\text{ 铝合金装饰板净用量}=\frac{100}{\text{块长}\times\text{块宽}}=\frac{100}{0.80\times 0.60}=208.33(\text{块}/100\text{m}^2)$$

4.2.2　石膏装饰板

1. 计算公式

$$每100m^2石膏装饰板净用量=\frac{100}{(块长+拼缝)\times(块宽+拼缝)}$$

2. 计算实例

【例4.8】 规格为500mm×500mm的石膏装饰板，拼缝为2mm，计算$100m^2$的净用量。

解：

$$每100m^2石膏装饰板净用量=\frac{100}{(块长+拼缝)\times(块宽+拼缝)}$$

$$=\frac{100}{(0.50+0.002)\times(0.50+0.002)}$$

$$=396.82(块/100m^2)$$

4.2.3　墙（地）面砖

1. 计算公式

$$每100m^2墙(地)面砖净用量(块)=(块长+拼缝)\times(块宽+拼缝)$$

$$灰缝砂浆净用量=[100-(块料长\times块料宽\times100m^2块料净用量)]\times灰缝深$$

2. 计算实例

【例4.9】 1∶2水泥砂浆贴500mm×500mm×12mm的花岗岩板墙面，灰缝为1mm，砂浆黏结层5mm厚，试计算$100m^2$墙面的花岗岩和砂浆净用量。

解：

$$每100m^2墙面花岗岩净用量=\frac{100}{(块长+拼缝)\times(块宽+拼缝)}$$

$$=\frac{100}{(0.50+0.001)\times(0.50+0.001)}$$

$$=398.40(块/100m^2)$$

$$每100m^2墙面花岗岩砂浆净用量=黏接层砂浆+灰缝砂浆$$

$$=100m^2\times0.005+[100-(0.50\times0.50\times398.40)]\times0.012$$

$$=0.50+(100-99.60)\times0.012$$

$$=0.50+0.40\times0.012=0.50+0.0048$$

$$=0.505(m^3/100m^2)$$

【例4.10】 1∶2水泥砂浆贴300mm×200mm×8mm的缸砖地面，结合层厚5mm，灰缝宽2mm，试计算每$100m^2$地面的缸砖和砂浆净用量。

解：

$$每100m^2地面缸砖净用量=\frac{100}{(0.30+0.002)\times(0.20+0.002)}=1639.24(块)$$

每 $100m^2$ 地面缸砖灰缝砂浆净用量$=[100-(0.30\times0.20\times1639.24)]\times0.008$

$=0.013(m^3/100m^2)$

每 $100m^2$ 地面缸砖结合层砂浆净用量$=100\times0.005=0.50(m^3)$

1∶2 水泥砂浆净用量＝灰缝砂浆净用量＋结合层砂浆净用量$=0.013+0.50=0.513(m^3)$

4.3 半成品配合比用量计算

4.3.1 砂浆配合比用量计算

1. 计算公式

$$砂子用量(m^3)=\frac{砂子比例数}{配合比总比例数-砂子比例数\times砂子空隙率}$$

$$水泥用量(kg)=\frac{水泥比例数\times水泥堆积密度}{砂子比例数}\times砂子用量$$

$$石灰膏用量(m^3)=\frac{石灰膏比例数}{砂子比例数}\times砂子用量$$

2. 计算实例

【例 4.11】 计算 1∶2 水泥砂浆的水泥和砂子用量，水泥堆积密度 $1300kg/m^3$，砂子空隙率 46%。

解：

$$砂子用量=\frac{砂子比例数}{配合比总比例数-砂子比例数\times砂子空隙率}$$

$$=\frac{2}{1+2-2\times46\%}=0.96(m^3/m^3)$$

$$水泥用量=\frac{1\times1300}{2}\times0.96=624(kg/m^3)$$

【例 4.12】 计算 1∶0.3∶3 水泥石灰砂浆的材料用量，水泥堆积密度 $1310kg/m^3$，砂子空隙率 44%。

解：

$$砂子用量=\frac{砂子比例数}{配合比总比例数-砂子比例数\times砂子空隙率}$$

$$=\frac{3}{1+0.3+3-3\times44\%}=1.007(m^3/m^3)$$

$$水泥用量=\frac{1\times1310}{3}\times1.007=439.72(kg/m)$$

$$石灰膏用量=\frac{0.3}{3}\times1.007=0.101(m^3/m^3)$$

说明：当 $1m^2$ 石灰膏需 600kg 生石灰时，石灰膏换算为生石灰用量为 $0.101\times600=60.6kg/m^3$。

【例 4.13】 计算 1∶2.5 水泥白石子浆的材料用量，水泥堆积密度 $1300kg/m^3$；

白石子堆积密度1500kg/m³，空隙率44%。

解：

$$白石子用量=\frac{2.5}{(1+2.5)-2.5\times 44\%}=1.042(m^3/m^3)$$

$$白石子质量=1.042\times 1500=1563(kg/m^3)$$

$$水泥用量=\frac{1\times 1300}{2.5}\times 1.042=541.84(kg/m^3)$$

4.3.2　水泥浆配合比用量计算

1. 计算公式

用水量按水泥的34%计算，即$m_w=0.34m_c$。

1m³水泥浆中水泥净体积与水的净体积之和应为1m³水泥浆，则有

$$\frac{m_c}{\rho_c}+\frac{m_w}{\rho_w}=1$$

式中　m_c——1m³水泥浆中水泥用量，kg；

m_w——1m³水泥浆中水用量，$m_w=0.34m_c$，kg；

ρ_c——水泥的密度，kg/m³；

ρ_w——水的密度，kg/m³。

2. 计算实例

【例4.14】　计算1m³纯白水泥浆材料用量。水泥密度3100kg/m³，堆积密度1300kg/m³用水量按水泥的34%计算，水密度为1000kg/m³。

解：$\frac{m_c}{\rho_c}+\frac{m_w}{\rho_w}=1$

因用水量按水泥的34%计算，即$m_w=0.34m_c$，代入已知数据可得

$$\frac{m_c}{3100}+\frac{0.34m_c}{1000}=1$$

解方程可得：　$m_c=1509kg$

则　$m_w=0.34m_c=0.34\times 1509=513(kg)$

可以计算出水泥在混合前的体积为$V'_{co}=\frac{m_c}{\rho'_w}=\frac{1509}{1300}=1.161(m^3)$

水混合前后的体积相等，为$V_w=\frac{m_w}{\rho_w}=\frac{513}{1000}=0.513(m^3)$

4.3.3　石膏灰浆配合比用计量

1. 计算公式

用水量按石膏灰80%计算。

$$\frac{m_D}{\rho_D}+\frac{m_w}{\rho_w}+V_p=1$$

式中　m_D——1m³石膏灰浆中石膏灰等材料用量，kg；

m_w——1m石膏灰浆中水用量，$m_w=0.34m_c$，kg；

ρ_D——石膏灰的密度，kg/m^3；

ρ_w——水的密度，kg/m^3。

2. 计算实例

【例 4.15】 计算 $1m^3$ 石膏灰浆的材料用量。石膏灰堆积密度为 $1000kg/m^3$，密度为 $2750kg/m^3$，每立方米灰浆加入纸筋 26kg，折合体积 $0.0286m^3$。

解： $\dfrac{m_D}{\rho_D}+\dfrac{m_w}{\rho_w}=1$

因用水量按石膏灰等的 80%计算，即 $m_w=0.80m_D$，代入已知数据可得：

$$\frac{m_D}{2750}+\frac{0.80m_D}{1000}=1$$

解方程得：$m_D=859kg$

则 $m_w=0.80m_D=0.80\times859=687(kg)$。

可以计算出水泥在混合前体积为 $V'_{Do}=\dfrac{m_c}{\rho_{Do}}=\dfrac{859}{1000}=0.859(m^3)$

石膏灰的体积为：$V=V'_{Do}-0.0286=0.859-0.0286=0.8340(m^3)$

石膏灰的质量为：$m=\rho_V=1000\times0.8304=830.4(kg)$

水混合前后的体积相等，为 $V_w=\dfrac{m_w}{\rho_w}=\dfrac{687}{1000}=0.687(m^3)$

4.4 材料净用量计算

建筑材料的净用量计算应适应构造和施工方法。下面介绍两个材料净用量的计算方法。

1. 砖柱标准砖与砂浆用量计算

（1）矩形标准砖柱参数。矩形标准砖柱参数见表 4.3。

表 4.3 矩形标准砖柱参数表

名　称	一层块数	断面尺寸/(m×m)	竖缝长度/m
矩形柱	2	0.24×0.24	0.24
	3	0.24×0.365	0.48
	4.5	0.365×0.365	0.96
	6	0.365×0.49	1.45
	8	0.49×0.49	1.93
圆柱	8	0.49×0.49	1.93
	12.5	0.615×0.615	3.16

注： 灰缝厚 10mm。

（2）矩形标准砖柱砖与砂浆用量计算公式。

$$砖净用量=\frac{一层砖块数}{拉断面积\times(砖厚+灰缝)}$$

砂浆净用量＝1－0.0014628×砖净用量

（3）矩形标准砖柱一层块数。矩形标准砖柱一层块数见图 4.3。

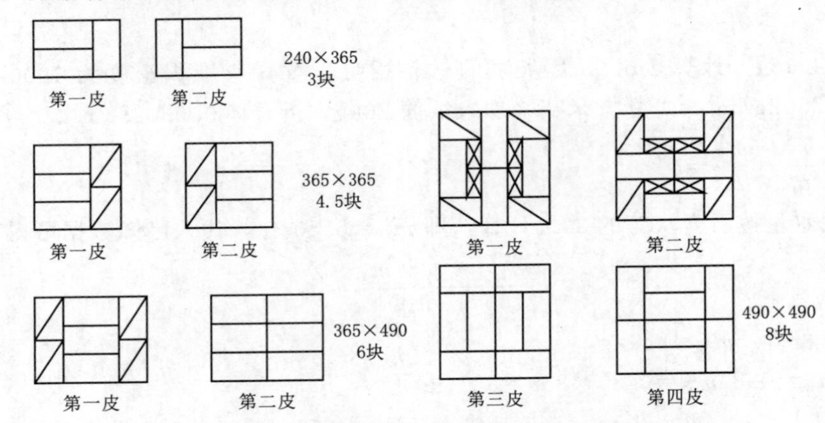

图 4.3　矩形标准砖柱一层块数示意图（单位：mm）

（4）矩形标准砖柱每立方米标准砖净用量举例。

240mm×240mm 砖柱：

$$砖净用量=\frac{2}{0.24\times0.24\times0.063}=551.1(块/m^3)$$

240mm×365mm 砖柱：

$$砖净用量=\frac{3}{0.24\times0.365\times0.063}=543.6(块/m^3)$$

365mm×365mm 砖柱：

$$砖净用量=\frac{4.5}{0.365\times0.365\times0.063}=536.1(块/m^3)$$

365mm×490mm 砖柱：

$$砖净用量=\frac{6}{0.365\times0.49\times0.063}=532.5(块/m^3)$$

490mm×490mm 砖柱：

$$砖净用量=\frac{8}{0.49\times0.49\times0.063}=528.9(块/m^3)$$

2. 卷材工程量计算

（1）卷材搭接示意图。卷材搭接示意见图 4.4。

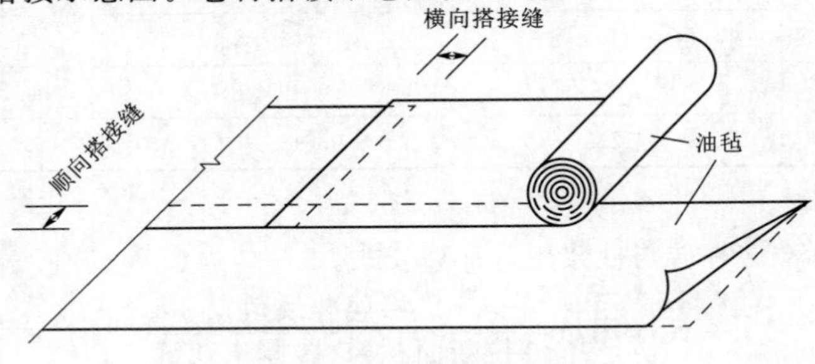

图 4.4　卷材搭接示意图

(2) 计算公式。卷材工程量计算公式为

$$每100m^2卷材用量=\frac{卷材每卷面积\times100}{(卷材宽-长边搭接)\times(卷材长-短边搭接)}$$

(3) 计算举例。

【例 4.16】 三元乙丙-丁基橡胶防水卷材宽 1.0m，长 20m，短边搭接 100mm，长边搭接 100mm，损耗率 1.5%，求防水卷材的定额用量。

解： $防水卷材净用量=\frac{1\times20\times100}{(1.0-0.10)\times(20.0-0.10)}=\frac{2000}{17.91}=111.67(m^2/100m^2)$

防水卷材定额用量 $=111.67\times(1+1.5\%)=113.35(m^2/100m^2)$

复习思考题

1. 写出 180mm 墙厚每立方米墙体标准砖净用量计算公式。
2. 简述每立方米墙体标准砖净用量计算公式的物理意义。
3. 写出标准砖基础的材料用量计算公式，简述公式的物理意义。
4. 墙面砖的灰缝是如何规定的？
5. 贴地砖定额中包含灰缝吗？
6. 教材中的砂浆配合比采用了体积比还是质量比？哪种配合比合理？为什么？

第5章　定额编制方案拟定

知识目标

掌握定额编制原则；熟悉编制定额的依据；熟悉拟定定额结构形式方法；掌握定额项目划分方法；熟悉如何编排定额章节；熟悉确定计量单位应遵循的原则；掌握定额水平的确定；掌握定额水平的测算对比方法。

能力目标

会按不同构造划分定额章节；会计算新编定额水平提高或降低的幅度。

5.1　编制方案的基本内容

定额编制方案就是对编制过程中一系列重要问题，作出原则性的规定，并据此指导编制工作的全过程。

定额编制方案主要包括下列基本内容：

5.1.1　编制原则、方法及依据

1. 定额编制原则

定额编制原则主要包括以下几个方面：①定额水平；②定额结构形式。

2. 编制定额的基本方法

编制定额可以采用技术测定法、统计计算法、经验估计法等方法。

3. 编制定额的依据

（1）劳动制度。劳动制度包括工人技术等级标准、工资标准、工资奖励制度、八小时工作制度、劳动保护制度等。

（2）各种规范、规程、标准。各种规范、规程、标准包括设计规范、质量及验收规范、技术操作规程、安全操作规程等。

（3）技术资料、测定和统计资料。技术资料、测定和统计资料包括典型工程施工图、正常施工条件、机械装备程度、常用施工方法、施工工艺、劳动组织、技术测定数据、定额统计资料等。

5.1.2　定额章节内容划分

掌握定额编制方法，首先必须要熟悉施工过程和建筑构造；其次要熟悉各工种

及对应的工作内容。所以，定额章节一般首选按施工过程和建筑构造来划分。例如，按照土石方、桩基、砌体、脚手架、现浇与预制混凝土、楼地面、门窗、屋面、装饰等建造过程划分定额章节。在装饰章节又按抹灰工、油漆工、木工等工种来划分项目。了解这一思路给快速翻阅定额带来了方便。

5.2 拟定定额的适用范围

制定定额首先要拟定其适用范围，使之与一定的生产力水平相适应。

5.2.1 适用于某个地区

一些具有地区属性的因素会影响定额水平：

（1）地方材料的品种规格不同。例如，混凝土配合比采用中砂或细砂时的材料消耗量不同。

（2）地质条件情况不同。例如，不同地质条件和土质对人工挖土方的影响。

（3）劳动组织不同。各地区工人小组构成人员不同对工时消耗的影响。

5.2.2 适用于某个专业

编制企业定额应该按专业划分。一般划分为建筑工程、安装工程、装饰工程、市政工程和园林绿化工程等专业。

5.2.3 适用于企业内部

适用于企业内部是指按企业生产力水平编制的定额，是企业编制施工作业计划、劳动力计划、材料供应计划、机械台班需用量计划、下达施工任务单、填写限额领料单、结算工程承包用工、用料、核算工程成本、统计完成产值等的依据。

5.2.4 适用于工程投标报价

适用于工程投标报价分两种情况：第一种是按行业生产力水平编制出具有社会平均水平定额，供业主和承包商作为计算工程标底价或工程造价的计算依据；第二种是按企业生产力水平编制具有企业个别水平的定额，作为企业计算工程投标报价的依据。

5.2.5 定额的简明适用原则

定额项目是依据定额适用范围，按工序、工作过程或者综合工作过程内容来划分的。如果在同样工作内容前提下，定额按工作过程划分项目，要比按综合工作过程划分项目更多、更细。如果同一工作内容，将定额项目划分细一些的作用是适用性强，施工图上的项目基本上都能套上对应的定额项目，但是编制出的定额内容就比较多，不够简明扼要；如果将定额项目划分得粗略一些，定额做到简明了，但使用定额时往往有一些施工图中的项目不能直接通定额项目，适用性就差。

综上所述，定额“简明适用”是一个矛盾的统一体，所以需要按照定额的适用范围和使用对象进行合理取舍。例如，施工定额需要与工人班组计算完成工作的劳动报酬，项目划分就要细一些；又如，概算定额是施工图设计阶段控制工程造价的定额，项目就可以综合一些。

5.3 拟定定额的结构形式

定额结构形式简单明了是指层次清晰，各章节划分明了，便于使用。除此以外，要将成熟的新工艺、新技术、新结构、新机具等内容编排进去，要研究合理划分定额项目，编排好章节以及选定好合适的计量单位等问题。

5.3.1 定额项目划分

划分定额项目要依据定额的具体内容和工效的差别情况来进行。总的要求为定额项目齐全、使用方便、步距大小适宜。

步距大小是定额项目划分的重要因素。其一般原则为以定额项目步距的水平相差10%左右为宜。

划分定额项目要充分体现施工技术和生产力水平，其具体划分方法主要有以下几种：

（1）按机具和机械施工方法划分。不同的施工方法对定额的水平影响较大，例如手工操作与机械操作的工效差别很大。所以，项目划分时要根据手工操作和使用机具情况划分为手工、机械和部分机械定额项目。例如，钢筋制作可以划分为机械制作、部分机械制作和手工绑扎等定额项目。

（2）按产品的结构特征和繁简程度划分。在施工内容上虽然属于同一类型的施工过程，但由于工程结构的繁简程度和几何尺寸不同，对定额水平有较大影响。所以，要根据产品的结构特征、复杂程度及几何尺寸的大小划分定额项目。例如，现浇混凝土设备基础模板的制作安装，就需要根据其复杂程度和几何尺寸的大小，划分为一般的、复杂的，体积在多少立方米以内或多少立方米以外的项目。

（3）按使用的材料划分。在完成某一产品时，使用的材料不同，对工程的影响也很大。例如，不同材质、不同管径的各种管材，对管道安装的工效影响就很大。所以，在划分管道安装项目时，应按不同材质的不同管径来划分项目。

（4）按工程质量的不同要求划分。不同的工程质量要求，对单位产品的工时消耗也有较大的差别。例如，砖墙面抹石灰砂浆，按施工及质量验收规范规定，有不同等级不同抹灰遍数的质量要求。因此，可以按高级、中级、普通抹灰质量要求分别划分定额项目。

（5）按工作高度划分。一般来说，工作高度越高，操作越困难，安全要求也越高，其运输材料的工时消耗也越多，操作的工作时间也必然增加。因此，操作高度或建筑物的高度，对工时消耗都有不同程度的影响。所以，要按不同高度对定额水平的影响程度来划分项目。另外。在这种情况下也可以采取增加工时或乘系数的办

法来调整。

除了上述划分方法外，还有很多如土壤分类，工作物的长度，宽度、直径，设备的型号、容量大小等，其总的原则就是以工效的差别来划分项目。

5.3.2　划分定额项目应注意的问题

在划分定额项目时应注意以下几个方面的问题：

(1) 注意新旧项目的恰当处理。随着施工生产的发展，各种新工艺、新技术、新的操作方法、新机具总是不断出现。针对这一情况，处理原则是：凡是实践中已经证明可行的先进经验，都应划分项目，列入定额内；但也要注意，不要把那些正在推行中，消耗水平不稳定的项目列入定额内；对那些已经被淘汰的项目，也要予以删除。

(2) 具有指导意义的新工艺的处理。有些先进的生产工艺，虽然目前还未普遍推广，但定额水平已基本稳定，并且具有方向性和指导意义的项目，则也应列入定额。例如，钢筋接头的新工艺等。

(3) 正确运用附注系数和加工的方法。附注系数及增加工日是定额的另一种表现形式，它可以减少定额项目。一般是常用的项目都要划分好列入定额，不常用的项目可以采取乘系数的办法解决。例如，木门窗制作，以常用的一、二类木种划分列项，如采用三、四类木种，其定额用工可以在一、二类木种定额基础上乘以规定的系数。因为实际施工生产中，用三、四类木种制作门窗的较少。

所以，可以通过乘系数的方法来解决定额水平的差异。另外，有些情况属于工作内容和影响因素的变化，也可用乘系数的办法解决。

当影响因素及定额水平不成比例关系时，不能采用乘系数的办法，而要采用增加或减少用工的办法来解决。

5.3.3　定额章节的编排

定额章节的编排是拟定定额结构形式的一项重要工作，其编排、划分的合理性，关系到定额是否方便实用。

1. 章的划分

章的划分方法通常有以下几种：

(1) 按不同的分部划分。例如，装饰工程可以按不同分部划分为楼地面、墙柱面、天棚、门窗、油漆涂料等各章。

(2) 按不同工种和劳动对象划分。例如，建筑工程可以按不同工种和劳动对象划分为土石方、砌筑、脚手架、混凝土及钢筋混凝土、门窗、抹灰、装饰等各章。

2. 节的划分

节的划分主要有以下几种：

(1) 按不同的材料划分。例如，抹灰工程可以按不同材料划分为石灰砂浆、水泥砂浆、混合砂浆等各节。

(2) 按分部分项工程划分。例如，现浇构件这一章，可以按分部分项的工效不同划分为基础、地面、柱、梁、墙、板等各节。

(3) 按不同构造划分。例如，屋面防水这一章，可以按构造划分为柔性防水层、刚性防水层、瓦屋面、铁皮屋面等各节。

上述章节的划分方法是一般常用的方法。具体操作还需在编制定额过程中结合具体情况而定。

定额的章节编排，还需要文字说明。文字说明的主要内容有工程内容、质量要求、劳动组织、操作方法、使用机具以及有关规定等。

定额中的文字说明要简单明了，每种定额应有“总说明”，将两章及两章以上的共性问题编写在总说明中。每章应写章说明，将两节及两节以上的共性问题，编写在章说明中。每节的文字说明一般包括工作内容、操作方法和有关规定等。

5.3.4　计量单位的确定

(1) 每一施工过程的结果都会得到一定的产品，该产品必须用一定的计量单位来表示。通常情况下，一种产品可以采用几种计量单位。例如，砖砌体的计量单位可以用砌 1000 块砖、砌 $1m^2$ 砖墙或砌 $1m^3$ 砖砌体来表示。所以，在编制定额时应首先确定项目的计量单位。

确定计量单位应遵循以下原则：

1) 能够准确、形象地反映产品的形态特征，凡物体的长、宽、高三个度量都发生变化时，应采用“m^3”为计量单位。例如土方、石方、砖石、混凝土构件等项目。

2) 当物体有一相对固定的厚度，而长和宽两个度量所决定的面积发生变化时，宜采用“m^2”为计量单位。例如，按地面面层、装饰抹灰等项目。

3) 若物体截面形状及大小固定，但长度不固定时，应以“延长米”为计量单位。例如，装饰线条、栏杆扶手，给水排水管道、导线敷设等项目。

4) 有的项目体积、面积相同，但重量和价格差异较大，如金属结构的制、运、安等应当以“kg”或“t”为单位计算。

5) 还有一些项目可以按“个”“组”“套”等自然计量单位计算。例如水嘴、洗脸盆、排水栓等项目。

(2) 便于计算和验收工程量。例如，墙脚排水坡以“m^2”为计量单位，窗帘盒以“m”为单位，便于计算和验收工程量。

(3) 便于定额的综合。施工过程各组成部分的计量单位尽可能相同。例如，人工挖土方，其组成部分的人工挖方、人工运土、人工回填土项目都应以“m^3”为单位，便于定额的综合。

(4) 计量单位的大小要适当。所谓计量单位的大小要适当，是指其单位不能过大或过小，做到既方便使用，又能保证定额的精确度。例如，人工挖土方以“$10m^3$”为单位，人工运土以“$100m^3$”为单位，机械运土方以“$1000m^3$”为单位。

(5) 必须采用国家法定的计量单位。

(6) 定额中计量单位的名称和书写都应采用国家法定的计量单位。

5.4 定额水平的确定

定额水平是指在正常施工条件下完成单位合格产品人工、材料、机械台班消耗量高低的水平。消耗量低即水平高，反之消耗量高即水平低。消耗量与定额水平成反比。定额水平的确定是一项复杂细致的工作，具有较强的技术性。

确定定额水平，必须先做好有关定额水平的资料收集、整理和分析工作，清楚定额水平的各种影响因素。只有这样，才能制定出满足要求的定额水平。

5.4.1 定额水平资料的搜集

搜集定额水平资料是确定定额水平的一项基础性工作。该项工作要充分发挥定额专业人员的作用，积极做好技术测定工作。无论是编制企业定额或者补充定额，都应以技术测定资料为确定定额水平的重要依据。特别是定额中的常用项目，一定要通过技术测定资料来确定定额水平。

另外，还应搜集在施工过程中实际完成情况的统计资料和实践经验资料。统计资料般是指单项统计资料，是消耗在单位产品上的实耗工料记录。

统计资料应该在生产条件比较正常，产品和任务比较稳定，原始记录和统计工作比较健全，以及重视科学管理和劳动考核的施工队组或施工项目上搜集，以保证统计资料的准确性。

经验估计资料要建立在深入细致调查研究的基础上，要广泛征求有实践经验人员的意见。为了提高经验资料的可靠程度，可将初步搜集来的经验资料，通过各种座谈会讨论分析，反复征求意见，使经验资料有足够的代表性。

搜集定额水平资料时应注意以下问题：

(1) 资料的准确性。资料要如实反映客观实际，数字真实可靠。

(2) 资料的完整性。资料的内容要齐全，不仅要有完成产品的数量和消耗工料的数量资料，而且还要有相应的产品质量、施工技术组织资料等影响定额水平的各种因素资料。

(3) 资料的代表性。资料应能够把定额适用范围内的大多数队组、项目上的定额工效水平反映出来。

5.4.2 定额水平资料的分析采用

通过上述方法搜集到的资料，由于受多种因素的影响，难免存在一定的局限性，往往发现同一组项目的水平有较大的差异。

因此，对搜集到的资料，首先要进行分析，要选用工作内容齐全，施工条件正常，各种影响因素清楚，产品数量、质量及工料消耗数据可靠的资料，进行加工整理，作为确定定额水平的依据。

5.4.3 定额水平举例

例如，甲定额规定抹 20mm 厚 1：2 水泥砂浆地面面层每 100m^2 的砂浆耗用量

是 $2.03m^3$；乙定额规定上述定额项目每 $100m^2$ 的砂浆耗用量是 $2.01m^3$。这时甲定额比乙定额多用了 $0.02m^3$ 的水泥砂浆，可以认为乙定额比甲定额的水平高。

5.4.4　确定定额水平应注意的问题

（1）注意先进技术和先进经验的成熟程度。在确定定额水平时，对于能够反映先进技术、革新成果和先进操作经验的项目，要注意分析其成熟程度和推广应用的客观条件后区别对待。凡是比较成熟的，已经具备普遍推广条件的，应该在定额水平中反映；由于某些条件的限制，难以立即实现的，则不应反映到定额水平中去。对于有推广意义的项目，可以反映到定额水平中去；对于某些细小改革提高工效的项目，可以暂不反映到定额水平中去，以免挫伤革新者的积极性。

（2）要防止用提高劳动强度的方法提高定额水平。在分析和确定使用一般工具的手工操作定额水平时，要特别注意防止用提高工人劳动强度的方法来提高定额水平。特别是笨重的体力劳动，更要持慎重态度。

定额水平的提高要立足于采用科学管理和先进的生产技术和手段，诸如合理的生产组织、先进的生产工具以及各种技术革新成果等。

5.5　定额水平的测算对比

为了将新编定额与现行定额进行对比，分析新编定额水平提高或降低的幅度，需要对定额水平进行测算。

5.5.1　测算项目的选择

由于定额项目很多，一般不做逐项对比和测算。通常将定额章节中的主要常用项目进行对比。例如，砖石工程的重点可选砖基础、砖墙、砖柱等项目进行对比。

项目对比时，应注意所选项目的可比性。可比性是指两个对比项目的定额水平所反映的内容，包括工作内容、施工条件、计算口径是否一致。如果不一致，那么就没有可比性，其比较结果就不能反映定额水平变化的实际情况。

5.5.2　测算对比方法

定额水平的测算对比方法，常采用单项水平对比和总体水平对比的方法。

1. 单项水平对比

单项水平对比是指用新编定额选定的项目与现行定额对应的项目进行对比。其比值反映了新编定额水平比现行定额水平提高或降低的幅度，其计算公式为

$$新编定额水平提高或降低的幅度=\left(\frac{现行定额单项消耗量}{新编定额单项消耗量}-1\right)\times 100\%$$

定额水平越高其定额消耗量就越低，定额水平与消耗量成反比。

2. 总体水平对比

总体水平对比是用同一单位工程计算出的工程量，分别套用新编定额和现行定

额的消耗量，计算出人工、材料、机械台班总消耗量后进行对比，从而分析新编定额水平比现行定额水平提高或降低的幅度，其计算公式为

$$\text{新编定额水平提高或降低的幅度}=\left(\frac{\text{现行定额分析的单位工程消耗量}}{\text{新编定额分析的单位工程消耗量}}-1\right)\times 100\%$$

复习思考题

1. 定额编制方案包括哪些内容?
2. 定额编制原则主要包括哪几个方面?
3. 编制定额的基本方法有哪些?
4. 定额水平测算对比包括哪些内容?
5. 适用于工程投标报价的定额有哪些?
6. 定额项目是如何划分的?
7. 如何编排定额章节?
8. 如何确定定额的计量单位?
9. 如何确定定额水平?
10. 如何测算定额水平?

第6章 人工定额编制

知识目标

掌握人工定额的概念；掌握人工定额编制原则；熟悉人工定额的编制依据；掌握人工定额编制方法。

能力目标

会计算时间定额；会依据测定数据拟定砖墙面抹水泥砂浆人工定额。

6.1 人工定额的概念与编制原则

6.1.1 人工定额的概念

人工定额也称“劳动定额”，它规定了在正常施工条件下、合理劳动组织和合理使用材料条件下，完成单位合格产品所必须消耗的劳动数量标准。

人工定额可分为时间定额和产量定额两种表达方式。时间定额与产量定额关系如下：

$$时间定额\times产量定额=1$$

人工定额的关键词有“正常施工条件”“合理组织”“单位合格产品”“劳动消耗”“数量标准”。首先要在正常施工、合理组织施工条件下；其次是生产单位合格产品，消耗的劳动数量标准。单位产品是指一个计量单位，如 $1m^3$、$1m^2$ 或者 1kg 等的劳动产品。

标准是指以人工定额的科学、技术综合成果为基础，有关方共同使用和重复使用，促进实现科学工程管理的共同利益，由主管部门批准颁发的规范性文件。

人工定额的水平是平均先进水平。平均先进水平指少数工人可以超额完成、多数工人可以完成、少数工人经过努力才能完成的水平。

人工定额的水平与施工定额和企业定额的水平是一致的，也就是说编制这两种定额时，可以直接将一个人工定额项目或多个人工定额项目的消耗量数据，迁移到对应的施工定额和企业定额项目之中。

6.1.2 人工定额编制原则

1. 平均先进水平原则

平均先进水平指在正常施工条件下，多数班组或工人经过努力可以达到的

水平。

定额消耗量越低，水平就越高。单位产品的劳动消耗与生产力水平成反比。

之所以将定额的水平定为平均先进水平，是因为具有平均先进水平的定额才有可能促进施工企业劳动生产力水平的提高。

2. 简明适用原则

简明适用原则要求定额的内容较丰富、项目较齐全、适应性较强，能满足施工组织与管理、计算劳动报酬、工程投标报价等方面的要求，同时也要求定额简明扼要，容易为工人和业务人员所掌握。

6.2 人工定额的编制依据

1. 技术文件与资料

（1）施工图纸。施工图纸是施工的基础，详细描绘了工程的结构、尺寸、材料等信息，是编制人工定额时确定工作内容和工作量的重要依据。

（2）施工组织设计。施工组织设计是指导施工活动的纲领性文件，包括施工顺序、施工方法、施工进度等内容，对人工定额的编制具有指导意义。

（3）施工方案。施工方案是针对具体施工任务制定的详细计划，包括人员配置、施工机械选择、施工流程等，是编制人工定额时考虑具体施工条件的重要参考。

2. 施工生产实践

（1）历史定额数据。历史定额数据是过去施工活动中积累的宝贵经验，通过对历史数据的分析，可以了解施工过程中的工时消耗规律，为编制新的人工定额提供参考。

（2）实际施工观测。通过对实际施工过程中的工时消耗进行观测和记录，可以获取真实的工时消耗数据，为编制人工定额提供准确的基础数据。

3. 国家政策和劳动制度

（1）国家政策。国家政策对人工定额的编制具有重要影响，如国家对工资水平、劳动保护等方面的政策规定，都会影响到人工定额的编制标准。

（2）劳动制度。劳动制度包括工时制度、工资制度、劳动保护制度等，这些制度规定了工人的工作时间、工资水平、劳动安全等方面的要求，是编制人工定额时必须考虑的因素。

4. 其他相关因素

（1）材料消耗定额。材料消耗定额是编制人工定额时需要考虑的重要因素之一，因为材料的准备、运输、使用等都会占用一定的工时。

（2）机械台班使用定额。机械台班使用定额反映了施工机械的使用效率，也是编制人工定额时需要考虑的因素之一，因为机械的使用可能会减少或增加人工的工时消耗。

（3）工作环境和条件。工作环境和条件对工人的工作效率和工时消耗有重要影响，如高温、潮湿、噪声等恶劣环境可能会增加工人的工时消耗。

6.3 人工定额编制方法

6.3.1 拟定正常的施工条件

正常的施工条件包括：工作现场对象的类别和质量要求；使用材料的名称和规格；选用的机具型号和性质；主要的施工方法和程序；劳动组织；工作地点组织等。这些条件必须适用于大多数班组，符合当前施工生产的实际情况。

6.3.2 拟定合理的劳动组织

拟定合理的劳动组织包括拟定组成人员的数量和各成员的技术等级，并应遵循以下原则：①保证小组内所有成员都能充分担负有效的工作；②尽量合理地使用技术工人，使之在工作中符合技术等级的要求；③尽量使技术等级较低的工人在技术等级高的工人指导下工作，逐步掌握高一级的技术水平。

6.3.3 拟定工作地点

在拟定工作地点时，要特别注意使工人在操作时不受干扰和妨碍，所使用的工具和材料应按使用顺序放置于最方便取用的地方，以减少疲劳和提高工作效率。应保持工作地点整洁和秩序井然，不用的工具和材料不应堆放在工作地点。

6.3.4 定额时间的确定

在全面分析各种影响因素的基础上，运用技术测定资料就可以获得定额必需的各种必须消耗的时间。将这些数据资料整理、归纳就可以计算出整个工作过程的时间定额。定额时间包括作业时间、准备与结束工作时间、休息时间和不可避免的中断时间。

1. 作业时间

作业时间包括基本工作时间和辅助工作时间。

作业时间是产品必须消耗的主要时间，它是各种因素的集中反映，决定着整个产品的定额水平。

如果单位产品施工过程的各个组成部分与最终产品是同一计量单位时，作业时间的计算公式为

$$T_1=\sum_{i=1}^{n}t_i$$

式中　T_1——单位产品作业时间；

t_i——各组成部分作业时间；

n——各组成部分的个数。

如果单位产品施工过程中各组成部分的计量单位与最终产品计量单位不相同

时，各组成部分作业时间应分别乘以相应的换算系数，计算公式为

$$T_1=\sum_{i=1}^{n}K_i\times t_i$$

式中 K_i——对应于 t_i 的换算系数。

换算系数分析：因为各种类型的计算单位之间有着不同的函数关系，无法统一规定，可以通过以下例子说明。

【例 6.1】 墙面勾缝的计量单位是 m^2。如果未采取直接测量面积的方法而是根据墙厚按体积进行换算，就会产生换算系数的问题。现设定每平方米砖墙面勾缝所需的时间为 9.6min，试求各种不同墙厚每立方米砌体勾缝所需时间。

解： 1）计算 $1m^3$ 一砖厚砖墙勾缝所需的时间：

$$每立方米砌体含墙面面积=\frac{1}{0.24\times1\times1}=4.17(m^2)$$

$$每立方米砌体所需勾缝时间=9.6\times4.17=40.0(min)$$

2）计算 $1m^3$ 一砖半厚砖墙勾缝所需的时间：

$$每立方米砌体含墙面面积=\frac{1}{0.365\times1\times1}=2.74(m^2)$$

$$每立方米砌体所需勾缝时间=9.6\times2.74=26.3(min)$$

计算 $1m^3$ 二砖厚砖墙勾缝所需的时间：

$$每立方米砌体含墙面面积=\frac{1}{0.49\times1\times1}=2.04(m^2)$$

$$每立方米砌体所需勾缝时间=9.6\times2.04=19.6(min)$$

2. 准备与结束工作时间

准备与结束工作时间分为工作日和任务两种。

工作日准备与结束工作时间只反映一天内上班的该时间。任务时间是指对一批任务而言所需的准备与结束时间。

工作日内的准备与计算时间可以根据测定资料分析取定，也可以通过编制准备与结束时间占工作日延续时间的百分比的方式来确定，计算公式为

$$P_a=\frac{T'_2}{T'_1}\times100\%$$

式中 P_a——工作日准备与结束时间占工作日作业时间百分比；

T'_2——工作日准备与结束时间；

T'_1——工作日作业时间。

单位产品准备与结束时间计算公式为

$$T_2=T_1\times P_2$$

另外，任务的准备与结束时间应分摊到单位产品的时间定额中。

3. 休息时间

休息时间应根据工作繁重程度及劳动条件确定，要根据多次观测的资料加以综合分析，拟定一个各类工作疲劳程度和该休息的时间标准，一般以工作日必须休息时间占工作班全班延续时间的百分比表示。

工作日休息时间（T'_3）占工作日作业时间百分比（P_b）计算公式为

$$P_b = \frac{T'_3}{T'_1} \times 100\%$$

4. 不可避免的中断时间

由于施工过程操作和组织上的各种原因所造成的不可避免的中断时间。

不可避免的中断时间（T'_4）占工作日作业时间百分比（P_c）计算的计算公式为：

$$P_c = \frac{T'_4}{T'_1} \times 100\%$$

单位产品不可避免的中断时间计算公式为

$$T_4 = T_1 \times P_c$$

5. 定额时间计算

人工定额的定额时间包括作业时间、准备与计算时间、休息时间、不可避免中断时间，其计算公式为

$$N = T_1 + T_2 + T_3 + T_4 = T_1[1 + (P_a + P_b + P_c)]$$

6.3.5 人工定额拟定举例

【例 6.2】 试进行人工砖墙面抹水泥石灰砂浆项目定额拟定。

1. 计算资料

每立方米砂浆运输定额计算：

水平运输距离＝地面水平(50m)＋底层或楼层(30m)＝80(m)

垂直运距＝20m

运距小计：100m

运输方法：双轮车占 80%，人力占 20%

运输用工：双轮车每运 $1m^3$ 砂浆 0.571 工日

人力每运 $1m^3$ 砂浆 0.725 工日

2. 运输用工计算

$$0.571 \times 80\% + 0.725 \times 20\% = 0.602(\text{工日})$$

增加用工：考虑递砂浆上脚手架和二次装卸用，每运 $1m^3$ 砂浆增加 0.123 工日

每立方米砂浆运输 100m 用工：0.602＋0.123＝0.725(工日/m^3)

3. 六层以内垂直运输与加工计算

塔吊每次运量：200～250kg，折合 $0.11m^3$

装卸时间：112s

塔吊从底层到二层的运行时间：47s，以上每层的运行时间：25s

每天工作时间：400min

底层到二层每吊运一次时间：112＋47＝159(s)＝2.65(min)

台班产量：$0.11 \times \frac{400}{2.65} = 16.6(m^3)$

底层至五层每吊运一次时间：112＋47＋25×3＝234(s)＝3.9(min)

台班产量：$0.11\times\frac{400}{3.9}=11.3(m^3)$

小组劳动组织最多18人。

砂浆最大用量计算：每人每天完成$20m^2$抹灰，砂浆厚度25mm，砂浆用量＝$18\times20\times0.025=9.0(m^3)$

砂浆吊装次数：9.0÷0.11＝82(次)

机械配备人力：按一般综合施工，每天吊盘装卸砂浆用工为1.25工日。

每$10m^2$抹灰加工＝$\frac{1.25}{9.0\div0.025}\times10=0.035$(工日/$10m^2$)

4. 每立方米砂浆调制定额用工计算

每立方米砂浆用料：

砂子：$1m^3$

石灰膏：$0.135m^3$

水泥：200kg 堆积密度 $1429kg/m^3$

双轮车运输：

砂子：运50m，每$1m^3$用工0.151工日

石灰膏：运100m，每$1m^3$用工0.474工日

水泥：运100m，每$1m^3$用工0.746工日

搅拌砂浆用工：

砂浆搅拌机台班产量为$12m^3$，则时间定额为

$$1/12=0.083(工日/m^3)$$

每立方米砂浆调制用工计算

$$0.151\times1+0.474\times0.135+0.746\times\frac{200}{1429}+0.083=0.402(工日/m^3)$$

麻刀纸筋灰浆每立方米机械搅拌用工0.588工日，计算方法同上。

5. 人工水泥石灰砂浆抹砖墙面（$10m^2$）用工计算

（1）调制砂浆用工计算。

底层、中层砂浆：每立方米砂浆调制用工0.402工日，底层中层砂浆厚21.5mm，每平方米抹灰砂浆用量$0.0215m^3$，每$10m^2$抹灰砂浆调制用工为

$0.402\times0.0215\times10=0.086$ 工日/$10m^2$

面层麻刀（纸筋）灰浆：每立方米砂浆调制用工0.588工日，麻刀灰浆厚3.5mm，每平方米抹灰砂浆用量$0.0035m^3$，每$10m^2$抹灰砂浆调制用工为

$0.588\times0.0035\times10=0.021$(工日)

每$10m^2$抹灰面的砂浆调制用工为

$0.086+0.021=0.107$(工日)

产量定额为

$1/0.107=9.35(10m^2/工日)$

（2）砂浆运输用工计算。

100m 运输距离，每 $1m^3$ 用工 0.725 工日，每 $10m^2$ 墙面砂浆用量为 $0.25m^3$，则砂浆运输用工为

$0.725\times0.25=0.181$(工日)

机械垂直运输用工每 $10m^2$ 增加 0.035 工日，则砂浆运输用工为

$0.181+0.035=0.216$(工日)

产量定额为

$1/0.216=4.63$($10m^2$/工日)

(3) 技工用工确定。

根据测定资料分析：

底层：每 $10m^2$，0.191 工日

中层：每 $10m^2$，0.298 工日

面层：每 $10m^2$，0.086 工日

小计：0.575 工日/$10m^2$

产量定额：$1/0.575=1.74$($10m^2$/工日)

(4) 每 $10m^2$ 水泥石灰砂浆砖墙面抹灰综合用工计算。

调制＋运输＋抹灰$=0.107+0.216+0.575=0.898$(工日/$10m^2$)

产量定额：$1/0.898=1.11$($10m^2$/工日)

复习思考题

1. 什么是人工定额？
2. 如何理解平均先进水平原则？举例说明。
3. 如何理解简明适用原则？举例说明。
4. 简述人工定额的编制依据。
5. 简述人工定额编制方法。
6. 如何计算属于定额的休息时间？

第7章 材料消耗定额编制

材料消耗定额编制

知识目标

掌握材料消耗量定额的概念；掌握材料消耗量定额的构成内容；掌握材料消耗定额编制的现场技术测定法；理解材料消耗定额编制的统计计算法；掌握材料消耗定额编制的理论计算法。

能力目标

会计算墙体材料定额消耗量；会计算防潮卷材定额消耗量；会计算砖柱标准砖定额消耗量。

7.1 材料消耗量定额的概念与构成

7.1.1 材料消耗量定额的概念

在正常施工条件下，在合理使用材料情况下，生产质量合格的单位产品所必须消耗的建筑安装材料的数量标准。

7.1.2 材料消耗量定额的构成

材料消耗量定额由完成单位合格产品所必须消耗的材料净用量和材料损耗量构成。

$$材料消耗量=净用量+损耗量$$

$$材料损耗率=\frac{损耗量}{消耗量}$$

$$材料消耗量=\frac{净用量}{1-损耗率}$$

7.2 材料消耗量定额编制方法

7.2.1 现场技术测定法

1. 计算要求与方法

采用该方法编制材料消耗量定额时，首先要选择观察对象。观察对象应符合以下要求：①建筑构造和结构为典型工程；②施工符合技术规范要求；③材料品种与质量符合设计要求和质量验收规范要求；④被测定的工人在节约材料和保证产品质量方面有较好的成绩。

现场技术测定法主要适用于材料消耗量定额。

通过现场观察确定损耗率的计算方法为

$$P=\frac{N-N_0}{N}\times 100\%$$

式中 P——材料损耗率；

N——某种材料现场观察消耗量（全部消耗量）；

N_0——根据图纸计算的消耗量（净用量）。

2. 计算实例

【例 7.1】 某工程砌筑 240mm 厚灰砂标准砖墙，根据图纸计算出来的数量是 529.1 块/m^2，现场观察的灰砂标准砖用量是 537 块/m^3，求灰砂标准砖损耗率。

解：

$$P=\frac{N-N_0}{N}=\frac{537-529.1}{537}\times 100\%=1.5\%$$

7.2.2 实验法

实验法是在实验室内进行观察生产合格产品材料消耗量的方法。这种方法主要研究产品强度与材料消耗量的数量关系，以获得各种配合比，并以此为基础计算出各材料消耗量，例如测算某强度等级混凝土所需原材料消耗量。

7.2.3 统计法

统计法是以施工现场积累的分部分项工程使用材料数量、完成产品数量、完成工作后的材料剩余量等统计资料为基础，经过分析整理，计算出单位产品材料消耗量的方法。

某分项工程施工时共领料 N_0，项目完工后，退回材料的数量为 ΔN，则用于该分项工程上的材料数量为

$$N=N_0-\Delta N$$

若该产品的产量为 n，则单位产品的材料消耗量为

$$M=\frac{N}{n}=\frac{N_0-\Delta N_0}{n}$$

统计法简单易行，不需要专门组织人员测定或试验。

7.2.4 理论计算法

理论计算法是根据施工图和建筑构造要求，采用理论计算公式计算出产品材料净用量的方法。该方法适用于块、板类建筑材料消耗量的确定，例如，砖、各种板材、瓷砖、半成品配合比用量等。

1. 墙体材料消耗量计算

某墙厚的砖（砌块）用量计算为

$$每立方米墙体砌块(砖)净用量(块)=\frac{1}{墙厚\times(块长+灰缝)\times(块厚+灰缝)}\times标准块中的砌块(砖)块数$$

$$砌块消耗量(块)=\frac{砌块净用量}{1-损耗率}$$

$$每立方米墙体砂浆净用量=1m^3-砌块净用量\times长\times宽\times厚$$

$$砂浆消耗量(m^3)=\frac{砂浆净用量}{1-损耗率}$$

2. 地面防潮卷材消耗量计算

$$每铺100m^2卷材净用量=\frac{每卷面积\times100}{(卷材宽-长边搭接)\times(卷材长-短边搭接)}$$

$$卷材消耗量=\frac{卷材净用量}{1-损耗率}$$

3. 屋面防水油毡卷材用量计算

【例 7.2】 屋面油毡卷材防水，卷材规格 $0.915m\times21.86m\approx20(m^2)$，铺卷材时，长边搭接 160mm，短边搭接 110mm，损耗率 1%。

解： $$每100m^2卷材净用量=\frac{20\times100}{(0.915-0.16)\times(21.86-0.11)}=121.80(m^2)$$

$$每100m^2卷材消耗量=\frac{121.80}{1-1\%}=123.03(m^2)$$

4. 砖柱标准砖消耗量计算

(1) 方柱标准砖用量计算公式：

$$方柱标准砖净用量(块)=\frac{一层的砖块数}{柱断面积\times(砖厚+灰缝)}$$

$$砂浆净用量=1m^3-砖净用量\times单块砖体积$$

(2) 圆柱砖的净用量计算同方柱的方法：

$$圆柱砖砂浆净用量=\frac{(圆柱断面积+竖缝长\times砖厚)\times灰缝厚}{圆柱断面积\times(砖厚+灰缝)}$$

5. 现浇混凝土模板用量计算

(1) 每立方米混凝土的模板一次使用量计算：

$$每立方米混凝土的模板一次使用量=\frac{1m^3混凝土接触面积\times每平方米接触面积模板净用量}{1-损耗率}$$

(2) 周转使用量计算：

$$周转使用量=一次使用量\times\frac{1+(周转次数-1)\times补损率}{周转次数}$$

(3) 回收量计算：

$$回收量=一次使用量\times\frac{1-补损率}{周转次数}$$

（4）摊销量计算：

$$摊销量=周转使用量-回收量\times折旧率$$

6. 预制混凝土构件模板用量计算

$$摊销量=\frac{一次使用量}{周转次数}$$

复习思考题

1. 什么是材料消耗量？
2. 什么是材料损耗量？
3. 什么是材料损耗率？
4. 材料消耗量与材料损耗率是什么关系？
5. 如何通过现场观察确定材料损耗率？
6. 如何运用统计法确定材料消耗量？
7. 防水卷材的搭接长度如何确定？
8. 标准砖方柱与圆柱用砖量计算方法有什么不同？

第8章　机械台班定额编制

机械台班
定额编制

知识目标

掌握机械台班消耗量定额的概念；理解机械时间定额和机械产量定额的概念；掌握机械台班消耗量定额编制方法；掌握确定机械净工作1h生产率方法；掌握机械台班产量计算方法。

能力目标

会计算机械净工作1h生产率；会计算混凝土搅拌机台班定额；会计算构件运输机械台班定额。

8.1　机械台班消耗量定额的概念与表达形式

8.1.1　机械台班消耗量定额的概念

机械台班消耗量定额是在合理使用机械和合理施工组织条件下，完成单位合格产品所必须消耗的机械台班数量。

8.1.2　机械台班消耗量定额表达形式

机械时间定额是指在正常施工条件下和合理劳动组织条件下，某种型号的机械完成合格产品所必须消耗的台班数量。

$$机械时间定额=\frac{1}{机械产量定额}$$

机械产量定额是指正常施工条件下和合理劳动组织条件下，某种型号的机械在一个台班时间内必须完成合格产品的数量。

$$机械产量定额=\frac{1}{机械时间定额}$$

8.2　机械台班消耗量定额编制方法

8.2.1　拟定正常施工条件

机械正常施工条件的拟定，主要根据机械施工过程的特点和充分考虑机械性能及装置的不同要求。

(1) 机械时间定额构成。机械时间定额构成包括有效工作时间、不可避免的中断时间和不可避免的无负荷工作时间。

1) 有效工作时间。包括正常负荷下的工作时间和降低负荷下的工作时间。正常负荷下的工作时间是指机械在与机械说明书规定的计算负荷相符的情况下进行工作的时间。

2) 不可避免的中断时间。由于施工过程中的某些原因，机械需要中断工作，但这些中断是不可避免的，例如设备故障、材料供应不足等。

3) 不可避免的无负荷工作时间。机械在等待任务、更换工具或进行必要的维护时，虽然不进行工作，但这些时间也是必需的。

(2) 机械时间利用系数。机械时间利用系数是指机械净工作时间与工作班延续时间的比值，计算公式为

$$KB=\frac{t_0}{T}$$

式中　KB——机械时间利用系数；

t_0——机械净工作时间；

T——工作班延续时间。

8.2.2　确定机械净工作 1h 生产率

循环动作机械净工作 1h 生产率，取决于该机械净工作 1h 的正常循环次数和每次循环的产品数量。计算公式为

$$N_h=n\times m$$

式中　N_h——机械净工作 1h 生产率；

n——机械净工作 1h 的循环次数；

m——每次循环的产品数量。

净工作 1h 正常的循环次数可由下面公式计算：

$$n=\frac{60}{t_1+t_2+t_3+\cdots+t_n}$$

机械每次循环所产生的产品数量 m，同样可以通过计时观察取得。

连续动作机械净工作 1h 生产率，主要根据机械性能来确定，计算公式为

$$N_h=\frac{m}{t}$$

式中　N_h——机械净工作 1h 生产率；

t——机械工作延续时间；

m——机械工作延续时间的产品数量。

复习思考题

1. 什么是机械台班消耗量定额？

2. 机械台班消耗量定额有几种表达方式？
3. 什么是非定额时间？
4. 机械中断时间可以算定额时间吗？
5. 为什么要确定机械净工作 1h 生产率？
6. 机械时间利用系数是如何确定的？

第9章 企业定额编制

知识目标

掌握企业定额的概念；掌握企业定额编制原则；掌握技术测定资料编制企业定额方法。

能力目标

会计算铺地砖的定额消耗量；会计算计算铺地砖用工数量；会计算铺地砖机械台班用量。

9.1 施工阶段企业定额

9.1.1 企业定额的概念

企业定额指建筑安装企业以工程建设各类技术与管理规范为依据，在合理组织施工和安全操作条件下，规定消耗在单位合格产品上的人工、材料、机械台班以及货币的数量标准。

企业定额是施工企业结合自身管理和技术装备素质，在定性和定量分析资源要素，并合理配置的基础上，遵循市场经济规律，采用科学的技术测定方法编制的。它所规定的消耗量标准，一方面反映市场经济条件下企业为市场提供质量合格单位产品必须达到要素含量；另一方面也反映了施工企业工作质量和产品质量的高低以及衡量工作效率取得劳动报酬多少的重要尺度。

企业定额反映了本企业平均先进生产力水平。企业定额一般由人工定额、材料消耗定额和机械台班定额构成。

企业定额与施工定额的本质特征是基本一致的。可以从这几个方面认识这个问题：从定额的本质特征来说，定额的消耗量才能真正反映其水平；企业定额与施工定额的项目划分是基本一致的；项目划分的步距主要满足适用于施工管理和成本管理等方面的要求。

9.1.2 企业定额的作用

企业定额的作用是通过企业内部管理和外部经营活动体现出来的。如何利用企业定额在内部管理和外部经营活动中以最少的劳动与物质资源的消耗，获得最大的效益，是施工企业在激烈的市场竞争中能否占领市场，掌握市场主动权的关键所在。

企业定额（施工定额）所规定的消耗量指标是企业资源优化配置的反映，是本企业管理水平与人员素质及企业精神的体现。在以提高产品质量、缩短工期、降低产品成本和提高劳动生产率为核心的企业经营与管理中，强化企业定额的管理，实行有定额的劳动，永远是企业立于不败之地的重要保证。因此，在企业组织资源进行施工生产和经营管理中，企业定额应发挥以下作用。

1. 企业定额（施工定额）是编制施工组织设计和施工作业计划的依据

施工组织设计是企业全面安排和指导施工的技术经济文件，是保证施工生产顺利进行不可缺少的条件。

施工组织设计主要包括三部分内容，即：①确定所建工程的资源需用量；②拟定使用这些资源的最佳时间安排；③做好施工现场的平面规划。企业定额是确定所建工程资源需用量的依据。

施工作业计划分为月作业计划和旬作业计划。无论是月计划、旬计划，都要对劳动力需用量、施工机械进行平衡，都要计算材料、预制品及混凝土的需用量，要计算实物工程量、建筑安装工程产值等，这些都要以企业定额为依据编制。

2. 企业定额（施工定额）是项目经理部向班组签发施工任务单和限额领料单的依据

施工任务单是将施工作业计划落实到班组的执行文件，也是记录班组完成任务情况和结算劳动报酬的依据。施工任务单中完成任务的产量定额、工日数量都要根据企业定额计算。

限额领料单是随施工任务单同时签发的领取材料的凭证。这一凭证是根据企业定额中材料消耗定额计算填写的。该领料单是班组完成规定任务所消耗材料的最高限额。

3. 企业定额（施工定额）是贯彻经济责任制、实行按劳分配的依据

经济责任制是实行按劳分配的有力保证。按劳分配就是按劳动者的劳动数量和质量进行分配。劳动质量可折算为劳动数量，所以实质上是按劳动数量进行分配。

经济责任制是以劳动者对企业承担经济责任为前提，超额有奖，完不成定额受罚，使劳动者的个人利益与生产成果紧密联系起来。劳动者劳动成果的好坏，其客观标准以企业定额为基础。因此，企业定额是贯彻经济责任制，实行按劳分配的依据。

4. 企业定额是编制施工预算，实行成本管理的基础

施工预算是施工企业用以确定单位工程上人工、材料、机械台班消耗量以及货币量的技术经济文件。施工预算依据施工图和企业定额编制。

施工预算反映了合理的工程预算成本。通过施工预算指导班组核算和企业成本核算是控制工程实际成本的有效手段。因此，企业定额是实施成本管理的重要基础。

5. 企业定额是工程投标报价的重要基础

《建设工程工程量清单计价规范》实施以后，采用工程量清单计价方式进行招投标，投标单位可以根据国家指导定额进行投标报价，也可以根据企业定额进行投标报价。在建筑市场激烈竞争的今天，为了使自己占据有利地位，承包商采用企业

定额进行投标报价往往是决策者的首选方案。

因此，企业定额是工程投标报价的重要基础。

9.1.3 企业定额编制原则

1. 平均先进水平原则

应该明确编制的企业定额应达到本企业劳动生产率的平均先进水平。

定额水平是编制定额的核心问题。平均先进水平是指在正常施工条件下经过努力，多数生产者或班组能够达到或超过的水平，少数生产者或班组可以接近的水平。一般说来它低于先进水平，而略高于平均水平。因为要通过执行企业定额达到提高企业生产力水平的目的，所以只有采用平均先进水平才能促进企业生产力水平的提高，才能增强企业的竞争能力。

要使企业定额达到平均先进水平，应做到：

(1) 要处理好数量与质量的关系；要在生产合格产品的前提下，规定必要的资源消耗量标准；生产技术必须是成熟的并得到了推广应用；产品质量必须符合现行质量及验收规范的要求。

(2) 对技术测定的原始资料要进行分析整理，剔除个别、偶然、不合理的数据，尽可能使计算数据具有代表性、实践性和可靠性。

(3) 要选择正常的施工条件、正确的施工方法和方案，劳动组织要适合劳动者的操作并促进劳动生产率的提高。

(4) 要合理选择观察对象，规定该施工过程选用的机具、设备和操作方法，明确规定原材料和构件的规格、型号、运距和质量要求。

(5) 从实际出发，调整定额子目之间和水平的平衡，处理好自然条件带来的劳动生产率水平不平衡因素。

总之，在确定企业定额水平时，既要考虑本企业的实际情况，又要考虑市场竞争的环境。

2. 简明适用原则

为了能够满足组织施工生产、计算工人劳动报酬、计算工程投标报价等多种需要，企业定额应该满足简单明了、容易掌握、便于使用等要求。

企业定额的表现形式、项目划分、计量单位、工程量计算规则都应按上述要求确定。工、料、机消耗量要正确反映本企业实际的生产力水平。

3. 专业人员与群众相结合，以专业人员为主的原则

编制企业定额是一项技术性很强的工作，需要对项目进行大量现场测定和数据整理、分析，业务要求较高。因此，必须要有专业技术人员来完成。

工人群众是执行定额的主体，又是测定定额的对象。他们对施工生产中实际发生的各种消耗量最了解，对定额执行情况和其中的问题最清楚。所以，在编制定额过程中要注意征求他们的意见取得工人群众的支持和配合。

贯彻专家与群众相结合，以专家为主编制定额的原则，有利于提高定额的编制质量和水平，有利于定额的贯彻执行。

9.2 根据技术测定资料编制企业定额

企业定额包括三种消耗量，即人工、材料、机械台班消耗量。

根据现场技术测定资料，采用一定的分析和计算方法，可以直接编制企业定额。下面通过地砖楼地面装饰项目的编制实例，来说明企业定额的编制过程。

1. 确定计量单位

地砖楼地面装饰项目的计量单位确定为“m^2”，扩大计量单位为 $100m^2$。

2. 选择典型工程

选择有代表性的地砖楼地面项目的典型工程，并采用加权平均的方法计算单间装饰面积。

甲、乙、丙三项工程，楼地面铺地砖的现场统计和测定资料如下：

(1) 地面砖装饰面积及房间数量见表 9.1。

表 9.1　　甲、乙、丙三项工程地面砖装饰面积及房间数量

工程名称	地面砖装饰面积/m^2	装饰房间数量/间	本工程占建筑装饰工程百分比/%
甲	850	42	41
乙	764	50	53
丙	1650	5	6

(2) 地面砖及砂浆用量。根据现场取得测定资料，地面砖尺寸为 500mm×500mm×8mm，损耗率 2%；水泥砂浆黏结层厚 10mm，灰缝宽 1mm，砂浆损耗率均为 1.5%。

(3) 按甲、乙、丙工程施工图计算出应另外增加或减少的铺地面砖面积，见表 9.2。

表 9.2　　另外增加或减少的铺地面砖面积

名称工程	门洞开口处增加面积/m^2	附墙柱、独立柱减少面积/m^2	房间数	本工程占建筑装饰工程百分比/%
甲	10.81	2.66	42	41
乙	14.23	4.01	50	53
丙	2.61	3.34	5	6

(4) 按现场观察资料确定的时间消耗量见表 9.3。

表 9.3　　时 间 消 耗 量

基本用工	数　量	辅助用工	数　量
铺设地面砖用工	1.215 工日/$10m^2$	筛砂子用工	0.208 工日/m^3
调制砂浆用工	0.361 工日/m^3		
运输砂浆用工	0.213 工日/m^3		
运输地砖用工	0.156 工日/$10m^2$		

(5) 施工机械台班量确定方法见表9.4。

表9.4　施工机械台班量确定方法

机械名称	台班量确定
砂浆搅拌机	按小组配置，根据小组产量确定台班量
石料切割机	每小组2台，按小组配置，根据小组产量确定台班量

注：铺地砖工人小组按12人配置。

3. 计算加权平均单间面积

根据表9.1计算加权平均单间面积：

$$\text{加权平均单间面积}=\frac{850\text{m}^2}{42}\times 41\%+\frac{764\text{m}^2}{50}\times 53\%+\frac{1650\text{m}^2}{5}\times 6\%=36.2\text{m}^2$$

4. 计算地砖和砂浆用量

根据现场取得的测定资料，计算每100m^2地砖的块料用量和砂浆用量。

$$\text{每}100\text{m}^2\text{地砖的块料用量}=\frac{100\text{m}^2}{[(0.50+0.001)\times(0.50+0.001)]\text{m}^2/\text{块}}/(1-2\%)$$

$$=398.41\text{块}/98\%$$

$$=406.54\text{块}$$

$$\text{每}100\text{m}^2\text{地砖结合层砂浆消耗量}=\frac{100\text{m}^2\times 0.01\text{m}}{1-1.5\%}=1.015\text{m}^3$$

$$\text{每}100\text{m}^2\text{地砖灰缝砂浆消耗量}=\frac{(100-0.5\times 0.5\times 398.41)\text{m}^2\times 0.008\text{m}}{1-1.5\%}$$

$$=0.003\text{m}^3$$

每100m^2地砖砂浆消耗量小计：$(1.015+0.003)\text{m}^3=1.018\text{m}^3$

5. 调整地砖和砂浆用量

根据表9.2数据调整铺100m^2的地砖和砂浆用量。

企业定额的工程量计算规则规定，地砖楼地面工程量按地面净长乘以净宽计算，不扣除附墙柱、独立柱及0.3m^2以内孔洞所占面积，但门洞开口处面积也不增加。根据上述规定，在制定企业定额时应调整地砖和砂浆用量。

$$\text{每}100\text{m}^2\text{地砖块料用量}=\frac{\text{典型工程加权平均单间面积}+\text{调整面积}}{\text{典型工程加权平均单间面积}}\times\text{每}100\text{m}^2\text{地砖用量}$$

$$=\frac{36.20+\left(\frac{10.81-2.66}{42}\times 41\%+\frac{14.23-4.01}{50}\times 53\%+\frac{2.61-3.34}{5}\times 6\%\right)}{36.20}\times 406.54\text{块}$$

$$=\frac{36.20+(0.808+0.108-0.009)}{36.20}\times 406.54\text{块}$$

$$=1.0049\times 406.54\text{块}$$

$$=408.55\text{块}$$

每 $100m^2$ 地砖砂浆用量 $=\dfrac{\text{典型工程加权平均单间面积}+\text{调整面积}}{\text{典型工程加权平均单间面积}}\times$ 每 $100m^2$ 砂浆用量

$=1.0049\times1.018m^3$

$=1.023m^3$

6. 计算铺地砖用工数量

根据表9.3计算铺 $100m^2$ 地砖的用工数量。

(1) 计算基本用工：

铺地砖用工 $=1.215$ 工日/$10m^2=12.15$ 工日/$100m^2$

调制砂浆用工 $=0.361$ 工日/$m^3\times1.023m^3/100m^2=0.369$ 工日/$100m^2$

运输砂浆用工 $=0.213$ 工日/$m^3\times1.023m^3/100m^2=0.218$ 工日/$100m^2$ 运输地砖用工 $=0.156$ 工日/$10m^2=1.56$ 工日/$100m^2$

基本用工量小计：$(12.15+0.369+0.218+1.56)=14.297$ 工日/$100m^2$

(2) 计算辅助用工：

筛砂子用工 $=0.208$ 工日/$m^3\times1.023m^3/100m^2=0.213$ 工日/$100m^2$

用工量小计：$(14.297+0.213)$ 工日/$100m^2=14.510$ 工日/$100m^2$

7. 计算机械台班用量

根据表9.4计算铺 $100m^2$ 地砖的台班数量为

$$\text{铺地砖的产量定额}=\frac{1}{\text{时间定额}}=\frac{1}{14.510\text{ 工日}/100m^2}=6.89m^2/\text{工日}$$

$$\text{每 }100m^2\text{ 地砖砂浆搅拌机台班量}=\frac{1}{\text{小组总产量}}\times100m^2=\frac{1}{(6.89\times12)m^2/\text{台班}}\times100m^2=1.209\text{ 台班}$$

每 $100m^2$ 地砖面料切割机台班量 $=1.209$ 台班 $\times2=2.418$ 台班

复习思考题

1. 简述企业定额的内涵。
2. 企业定额有哪些作用？
3. 企业定额编制原则是什么？为什么要确定这些原则？
4. 根据什么数据资料编制企业定额比较科学？
5. 企业定额与施工定额的最大区别是什么？

自 测 题

一、单项选择题

1. 以下不属于企业定额的编制原则的是（　　）。

A. 平均先进性原则　　　　　　　　　B. 简明适用性原则
C. 以专家为主的编制原则　　　　　　D. 公开的原则

2. 企业定额是企业参与市场竞争，确定工程成本和（　　）的依据，它反映了企业的综合实力，是企业管理的基础。

A. 最高限价　　B. 投标报价　　C. 最低限价　　D. 招标报价

3. 下列定额编制应坚持先进性的是（　　）。

A. 预算定额　　B. 概算定额　　C. 企业定额　　D. 估算指标

4. 企业定额水平与国家、行业或地区定额的关系是（　　）国家、行业或地区定额，才能适应投标报价，增强市场竞争力的要求。

A. 低于　　B. 等于　　C. 高于　　D. 无关于

5. 以下关于使用现场统计法测定材料消耗量定额的说法错误的是（　　）。

A. 现场统计法是以施工现场积累的分部分项工程的使用材料数量、完成产品数量、完成工作原材料的剩余数量等统计资料为基础，经过分析整理，计算出单位产品材料消耗量的方法。
B. 现场统计法简单易行，但一般只能确定材料总消耗量，不能确定净用量和损耗量。
C. 现场统计法其准确程度受统计资料和实际使用材料的影响。
D. 现场统计法可以用来确定材料的净用量和损耗量。

二、判断题

1. 灰浆搅拌机搅拌时多运转的时间，工人没有及时供料而使机械空运转的延续时间不可以计入到定额时间。（　　）

2. 机械台班大修理费是指按规定的机械使用期限逐渐收回其原始价值的费用。（　　）

3. 工程定额可以按照不同的标准进行划分，在工程定额的分类中，按照专业性质分类依据，工程定额可以分为劳动定额、材料消耗量定额、机械台班定额。（　　）

4. 所谓工作时间，就是工作班的延续时间。工作时间是按现行制度规定的，例如八小时工作制的工作时间就是8h，午休时间包括在内。（　　）

5. 企业计价定额是施工企业确定生产建筑产品价格的依据，企业定额在编制过程中使用的是平均消耗水平。（　　）

三、计算题

用塔式起重机吊运混凝土，已知料斗定位需要时间50s，运行需要时间70s，卸料需要时间45s，返回需要时间30s，中断15s；每次料斗装混凝土0.6m^3，机械利用系数0.85。求塔式起重机的产量定额和时间定额。（结果保留三位小数）

第2篇　消耗量定额

在建筑工程领域，消耗量定额是编制工程预算、确定工程造价、进行工程结算的重要基础。它不仅是建筑企业进行经济核算、考核工程成本的重要依据，也是设计单位进行技术经济分析比较的重要参考。因此，掌握和理解消耗量定额的概念、性质、作用以及编制原则和方法，对于每一个从事建筑工程行业的人员来说，都是至关重要的。

本篇详细阐述了消耗量定额的相关知识，从概念到应用，从编制原则到具体步骤，都进行了深入浅出的讲解。通过学习本篇，可以了解消耗量定额是如何制定的，以及它在建筑工程中的重要作用。在学习过程中，不仅要掌握理论知识，更要注重实践应用。通过案例分析、实际操作等方式，将所学知识运用到实际工作中，才能真正做到学以致用。同时，还要关注行业动态，了解新技术、新材料、新工艺对消耗量定额的影响，不断更新自己的知识体系。

此外，学习消耗量定额还需要注重细节和方法的掌握。在编制消耗量定额时，需要准确计算工程量，合理确定人工、材料和机械台班的消耗指标。这需要具备扎实的专业知识和严谨的工作态度。同时，还要学会运用现代化的计算工具和方法，提高编制效率和准确性。

总之，学习消耗量定额不仅是为了掌握理论知识，更是为了提升专业素养和实践能力。希望每一位从事建筑工程行业的人员都能将其中的知识转化为自己的实践能力，为建筑工程的规范化、标准化、精细化发展贡献自己的力量。

第10章 消耗量定额的概念、性质和作用

消耗量定额的概念、性质和作用

定额的核心内容是消耗量。人工定额、材料消耗定额、机械台班定额的核心内容分别是定额项目的人工消耗量、材料消耗量和机械台班消耗量。施工定额、企业定额、预算定额、单位估价表的核心内容也是人材机消耗量，只是在相同定额项目下，预算定额和单位估价表的人材机消耗量比施工定额、企业定额的消耗量略微多一点，这“多一点”是由定额水平确定的。

当定额项目的消耗量乘以对应的人材机单价后，就产生了人工费、材料费和机械费。定额项目的消耗量是相对稳定的，人材机单价由于时效性、地区性以及受到市场客观情况影响，可能会每个季度发生变化。因此，应用定额计算施工预算造价和施工图预算造价时，往往要根据市场价格的变化，及时调整人材机单价。

人材机消耗量是定额项目的核心内容，一般不能改变，而单价随行就市变化相对较大，编制施工图预算的实物金额法，充分利用了这个原理。定额项目消耗量传递路线及定额水平示意图如图10.1所示。

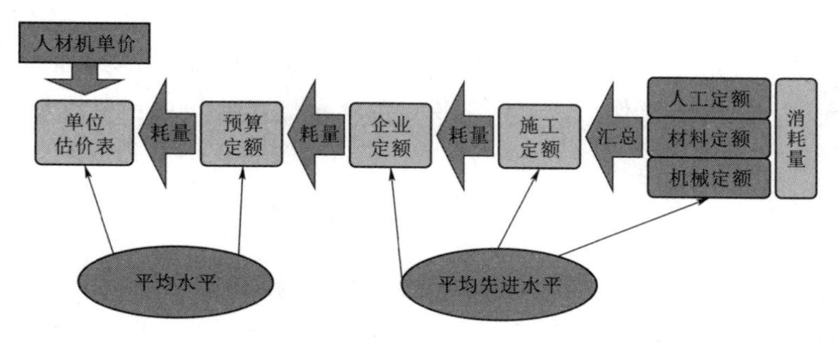

图10.1 定额项目消耗量传递路线及定额水平示意图

从图10.1中看到，定额水平有两种表达方式即“平均水平”与“平均先进水平”；简而言之，平均先进水平的人材机消耗量（与单价无关）比平均水平的消耗量要低。

例如，预算定额的地面面层抹灰项目，抹20mm厚1∶2水泥砂浆的消耗量为$2.02m^3/100m^2$，是平均水平；该项目的企业定额砂浆消耗量为$2.015m^3/100m^2$，比预算定额项目少消耗$0.005m^3/100m^2$即为平均先进水平，该水平是企业内部管理以及企业自主投标报价的水平，平均水平是社会必要劳动时间的水平。

平均水平与平均先进水平的辩证关系：平均先进水平是企业生产力水平的体

现，当多数企业都达到了这个水平，那么平均先进水平就转化为社会平均水平，如此循环发展，推动了社会生产力水平的提升；平均先进水平体现了本企业的劳动生产力水平，个别企业的平均先进水平不一定比平均水平高，所以平均先进水平具有相对性。

10.1　消耗量定额的概念

消耗量定额是由建设行政主管部门根据合理的施工工期、施工组织设计，正常施工条件编制的，生产一个规定计量单位分部分项工程合格产品所需人工、材料、机械台班的建筑行业平均消耗量标准。

消耗量定额是由国家或其授权单位统一组织编制和颁发的一种基础性指标。有关部门必须严格遵守执行，不得任意变动。消耗量定额中的各项指标是国家允许建筑企业在完成工程任务时工料消耗的最高限额，也是国家提供的物质资料和建设资料的最高限额，从而使建筑工程有一个统一核算尺度，对基本建设实行计划管理和有效的经济监督，也是保证建筑工程施工质量的重要手段。统一的消耗量定额是一种社会的平均消耗，是一个综合性的定额，适合一般的设计和施工情况。对一些设计和施工变化多，影响工程造价较大，往往与消耗量定额不相符的项目，消耗量定额规定可以根据设计和施工的具体情况进行换算，使消耗量定额在统一原则下，又具有必要的灵活性。

10.2　消耗量定额的作用

消耗量定额在各类生产、工程、服务等领域都有广泛应用，特别是在工业生产和工程管理中，具有重要作用。具体来说，消耗量定额的作用主要体现在以下几个方面：

（1）消耗量定额是编制建筑工程预算、确定工程造价、进行工程竣工结算的依据。

（2）消耗量定额是编制招标标底或招标控制价的基础。

（3）消耗量定额是建筑企业贯彻经济核算制、考核工程成本的依据。

（4）消耗量定额是编制地区价目表和概算定额的基础。

（5）消耗量定额是设计单位对设计方案进行技术经济分析比较的依据。

总之，消耗量定额在基本建设中对合理确定工程造价，推行以招标承包为中心的经济责任制，实行基本建设投资监督管理，控制建设资金的合理使用，促进企业经济核算，改善预算工作等均有重大作用。

第11章 消耗量定额的编制原则和依据

消耗量定额的编制原则和依据

11.1 消耗量定额的编制原则

消耗量定额的编制工作，实质上是一种标准的制定。在编制时应根据国家对经济建设的要求，贯彻勤俭经济的方针，坚持既要结合历年定额水平，也要照顾现实情况，还要考虑发展趋势，使消耗量定额符合客观实际。消耗量定额的编制应遵循以下原则：

1. 定额水平平均合理

在现有社会生产条件下，在平均劳动熟练程度和平均劳动强度下，完成建筑产品所需的劳动时间，是确定消耗量定额水平的主要依据。作为确定建筑产品价格的消耗量定额，应循价值规律的要求，按照产品生产中所消耗的社会必要劳动时间来确定其水平，即社会平均水平。对于采用新技术、新结构、新材料的定额项目，既要考虑提高劳动生产率水平的影响，又要考虑施工企业由此而多付出的生产消耗，做到合理可行。

2. 内容形式简明适用

消耗量定额的内容和形式，既能满足不同用途的需要，具有多方面的适用性；又要简单明了，易于掌握和应用。两者有联系又有区别，简明性应满足适用性的要求。

贯彻简明适用原则，有利于简化预算的编制工作，简化建筑产品的计价程序，便于群众参加经营管理，便于经济核算。因此，定额项目的划分要以结构构件和分项工程为基础，主要的项目、常用的项目应齐全，要把已经成熟推广的新技术、新结构、新材料、新工艺的新项目编进定额，使消耗量定额满足预算、结算、编制招标控制价和经济核算的需要。对次要项目，适当综合、扩大，细算粗编。

贯彻简明适用原则，还应注意计量单位的选择，使工程量计算合理和简化，同时为了稳定定额水平，统一考核尺度和简化工作，除了变化较多和影响造价较大的因素允许换算外，定额要尽量少留活口，减少换算工作量，还有利于维护定额的严肃性。

3. 集中领导和分级管理

集中领导就是由中央主管部门，根据国家方针政策和发展经济的要求，对消耗量定额统一制定编制原则和编制方法，统一编制和颁发全国统一基础定额，颁发统一的实施条例和制度等，使建筑产品具有统一的计价依据。

分级管理是在集中领导下，各地区可在管辖范围内，根据各自的特点，依据规定的编制原则，在全国统一基础定额的基础上，对地区性项目和尚未在全国普遍推行的新项目，可由地区主管部门组织编制补充定额，颁发补充性的条例制度，并对消耗量定额实行经常性管理。

11.2　消耗量定额的编制依据

编制消耗量定额的依据是确保定额科学、合理、适用，并能够真实反映实际生产过程中资源消耗的关键。消耗量定额的编制依据通常包括以下几个方面：

（1）现行的企业定额和房屋建筑与装饰工程消耗量定额。

（2）现行的设计规范，施工及验收规范、质量评定标准和安全操作规程。

（3）通用标准图集和定型设计图纸，有代表性的设计图纸和图集。

（4）新技术、新结构、新材料和先进经验资料。

（5）有关科学试验、技术测定、统计分析资料。

（6）现行建设工程工程量清单计价规范、计算规范。

（7）现行的消耗量定额及其编制的基础资料和有代表性的地区和行业标准定额。

第12章 消耗量定额编制步骤和计量单位确定

消耗量定额编制步骤和计量单位确定

12.1 消耗量定额的编制步骤

消耗量定额的编制步骤一般分三个阶段进行。

1. 准备工作阶段

本阶段的任务是由主管部门提出编制工作计划，拟定编制方案，调集并组织编制定额的工作人员，全面收集各项依据资料，并就一些原则性问题，进行学习、讨论、统一认识。

2. 编制初稿阶段

对收集到的各项依据资料等，进行深入细致的测算和分析研究，按编制方案确定的定额项目和有关资料计算工程量，确定人工、材料和机械台班消耗量指标，编制定额表初稿，拟定相应的文字说明。

3. 审查定稿阶段

初稿编出后，应通过对新编定额与现行的和历史上的定额进行对比，测算新定额水平，分析定额水平提高或降低的原因，广泛听取基层单位和群众的意见，最后修改定稿，并写出编制说明和送审报告，连同消耗量定额送审稿，报送领导机关审批。

12.2 消耗量定额计量单位的确定

计量单位的选择与定额项目的多少，定额是否准确，以及消耗量定额的繁简有很大关系。计量单位的确定要考虑以下原则：①能确切反映单位产品的工料消耗量，保证定额的准确性；②有利于减少定额项目；③能简化工程量计算和整个计价编制工作，保证报价的及时性。

1. 定额的计量单位的确定

由于各种分项工程和结构构件的形体不同，应结合上述原则并按照它们的形体特征和变化规律确定。

凡物体截面的形状和大小一定，只是长度有变化（如管线、装饰线、扶手等）的情况应以“延长米”为计量单位。

当物体的厚度一定，只是长和宽有变化（如楼地面、墙面、门窗等）的情况应以“平方米”（投影面积或展开面积）为计量单位。

如果物体的长、宽、高都变化不定时（如土石方、钢筋混凝土工程等），应以“立方米”为计量单位。

有的分项工程虽然体积、面积相同，但重量和价格的差异很大（如金属结构构件的制作、运输与安装等），应以重量“吨”或“千克”为计量单位。

有时还可以采用个、根、组、套等为计量单位。例如上人孔、水斗、坐便器、配电箱等。

在米、平方米、立方米等单位中，以“米”为单位计算最简单。所以，在保证定额的准确性的前提下，能简化尽量简化，定额单位确定以后，在列定额表时，一般都采用扩大单位，以 10、100 等为倍数，以利于定额的编制精确度。定额计量单位，按公制执行。通常长度用 m、km；面积用 m^2；体积用 m^3；质量用 kg、t 等。

2. 人工、材料、机械计量单位及小数位数的取定

定额单位以自然单位和物理单位为准，小数点后的位数保留，定额有规定按规定执行，定额没有规定按下列规定取定。

（1）人工以工日为单位，取两位小数。

（2）机械以台班为单位，取两位小数。

（3）主要材料及半成品。木料以“立方米”为单位，取三位小数；红砖以“千块”为单位，取三位小数；钢材以“吨”为单位，取三位小数；水泥以“千克”为单位，取整数，以“吨”为单位取三位小数；砂浆、混凝土等半成品，以“立方米”为单位，取两位小数；其余材料一般取两位小数。

（4）其他材料费及机械费以元为单位，取两位小数。

第13章　人材机消耗指标

人材机
消耗指标

人工、材料和机械台班消耗指标是消耗量定额的重要内容。消耗量定额水平的高低主要取决于这些指标的合理确定。

消耗量定额是以工作过程或工序为标定对象，在基础定额的基础上，依据国家现行有关工程建设标准，结合地区实际情况编制而成的。在确定各项指标前，应根据编制方案所确定的定额项目和已选定的典型图纸，按定额子目和已确定的计算单位，按工程量计算规则分别计算工程量，在此基础上再计算人工、材料和施工机械台班的消耗指标。

13.1　人工消耗指标的内容

消耗量定额人工消耗指标中包括各种用工量，有基本用工、辅助用工、超运距用工和人工幅度差 4 项，其中后 3 项综合称为其他工。

(1) 基本用工是指完成子项工程的主要用工量，例如砌墙工程中的砌砖、调制砂浆、运砖、运砂浆的用工量。

(2) 辅助用工是指在施工现场发生的材料加工等用工，例如筛砂子、淋石灰膏等增加的用工。

(3) 超运距用工是指消耗量定额中材料及半成品的运输距离超过劳动定额规定的运距时所需增加的工日数。

(4) 人工幅度差是指在劳动定额中未包括，而在正常施工中又不可避免的一些零星用工因素。这些因素不能单独列项计算，一般是综合定出一个人工幅度差系数，即增加一定比例的用工量，纳入消耗量定额，国家现行规定人工幅度差系数为 10%～15%。

人工幅度差包括的因素有：

1) 工序搭接和工种交叉配合的停歇时间；

2) 机械的临时维护、小修、移动而发生的不可避免的损失时间；

3) 工程质量检查与隐蔽工程验收而影响工人操作时间；

4) 工种交叉作业，难免造成已完工程局部损坏而增加修理用工时间；

5) 施工中不可避免的少数零星用工所需要的时间。

13.2　人工消耗指标的计算

消耗量定额子目的用工数量，是根据它的工程内容范围及综合取定的工程数量，在劳动定额相应子目的人工工日基础上，经过综合，加上人工幅度差计算出来的。基本计算公式为

基本用工数量＝∑(工序或工作过程工程量×时间定额)

超运距用工数量＝∑(超运距材料数量×时间定额)

其中

超运距＝消耗量定额规定的运距－劳动定额规定的运距

辅助用工数量＝∑(加工材料的数量×时间定额)

人工幅度差(工日)＝(基本用工数量＋超运距用工数量＋辅助用工数量)×人工幅度差系数

合计工日数量(工日)＝基本用工数量＋超运距用工数量＋辅助用工数量＋人工幅度差

＝(基本用工数量＋超运距用工数量＋辅助用工数量)×(1＋人工幅度差系数)

13.3　材料消耗指标的构成

材料消耗指标包括直接构成工程实体的材料消耗、工艺性材料损耗和非工艺性材料损耗三部分。

(1) 直接构成工程实体的材料消耗是材料的有效消耗部分，即材料净用量。

(2) 工艺性材料损耗是材料在加工过程中的损耗（如边角余料）和施工过程中的损耗（如砌墙落地灰）。

(3) 非工艺性材料损耗，例如材料保管不善、大材小用、材料数量不足和废次品的损耗等。

前两部分构成工艺消耗定额，企业定额即属此类。加上第三部分，即构成综合消耗定额，消耗量定额即属此类。消耗量定额中的损耗量包括工艺性损耗和非工艺性损耗两部分。

13.4　材料消耗指标的计算

消耗量定额中的材料消耗指标包括主要材料、辅助材料、周转性材料和其他材料 4 项。

(1) 主要材料指构成工程实体的大宗性材料，例如砖、水泥、砂子等。

(2) 辅助材料直接构成工程实体，但比重较少的材料，例如铁钉、铅丝等。

(3) 周转性材料指在施工中能反复周转使用的工具性材料，例如架杆、架板、模板等。

(4) 其他材料指在工程中用量不多，价值不大的材料，例如线绳、棉纱等。消耗量定额中的主要材料消耗量，一般以企业定额中的材料消耗定额为计算基础。如果某些材料没有材料消耗定额，应当选择合适的计算分析方法，求出所需要的定额。

1) 主要材料净用量的计算。一般根据设计施工规范和材料规格采用理论方法计算后，再按定额项目综合的内容和实际资料适当调整确定。例如，定额砌一砖内墙所消耗的砖和砂浆（净用量）一般按取单元体方法计算，理论计算公式为

$$每立方米砖数净用量=\frac{墙厚砖数\times 2}{墙厚\times(砖长+灰缝)(砖厚+灰缝)}$$

$$每立方米砂浆净用量=1-砖数\times每块砖体积$$

式中分子为单元体砖的块数，分母为单元体体积、墙厚用砖长倍数表示，如图13.1所示，一砖墙单元体砖数＝1×2＝2(块)；半砖墙单元体砖数＝0.5×2＝1(块)；一砖半墙单元体砖数＝1.5×2＝3(块)。墙厚：半砖墙取115mm，一砖墙取240mm，一砖半墙取365mm。标准砖的规格为240×115×53。每块砖的体积为0.0014628m^3，横竖灰缝均取定10mm。

$$10m^3\ 一砖厚内墙砌体净用砖数=\frac{1\times 2}{0.24\times(0.24+0.01)(0.053+0.01)}\times 10$$
$$=5291(块)$$

2) 材料损耗量的确定。材料损耗量包括工艺性材料损耗和非工艺性损耗，其损耗率应在正常条件下，采用比较先进的施工方法，合理确定。

3) 消耗量定额中次要材料的确定。在工程中用量不多，价值不大的材料，可采用估算等方法计算其用量后，合并为一个“其他材料费占材料费”的项目，以百分数表示。

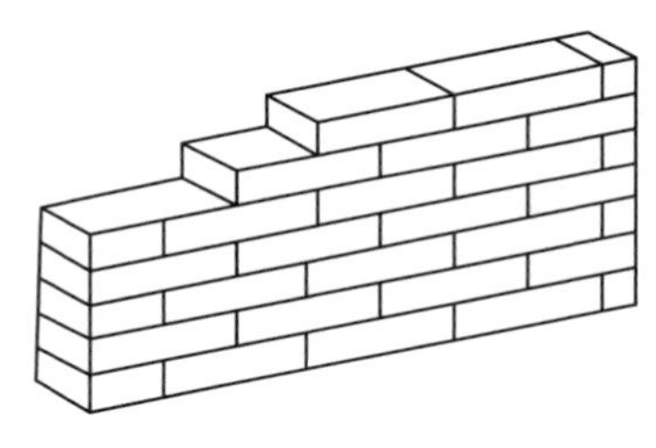

图13.1 单元体砖墙示意图

4) 周转性材料消耗量的确定。周转性材料是指在施工过程中多次周转使用的工具性材料，例如模板、脚手架、挡土板等。消耗量定额中的周转性材料是按多次使用、分次摊销的方法进行计算的。周转材料消耗指标有两个。

一次使用量是指模板在不重复使用条件下的一次用量指标，它供建设单位和施工单位申请备料和编制施工作业计划使用。

摊销量是应分摊到每一计量单位分项工程或结构构件上的模板消耗数量。

5) 辅助材料消耗量的确定。辅助材料如砌墙木砖、水磨石地面嵌条等，也是直接构成工程实体的材料，但占比重较少，可以采用相应的计算方法计算或估算，列入定额内。它与次要材料的区别在于是否构成工程实体。

6) 施工用水的确定。水是一项很重要的建筑材料，消耗量定额中应列有水的用量指标。消耗量定额中的用水量可以根据配合比和实际消耗计算或估算。

13.5 机械台班消耗指标的确定

消耗量定额中的施工机械台班消耗定额指标是以台班为单位进行计算的，每台

班为 8h。定额的机械化水平，应以多数施工企业采用和已推广的先进方法为标准。

编制消耗量定额时，以统一劳动定额中各种机械施工项目的台班产量为基础进行计算，还应考虑在合理的施工组织设计条件下机械的停歇因素，增加一定的机械幅度差。

机械幅度差一般包括下列因素：

（1）施工中作业区之间的转移及配套机械相互影响的损失时间。

（2）在正常施工情况下，机械施工中不可避免的工序间歇。

（3）工程结束时，工作量不饱满所损失的时间。

（4）工程质量检查和临时停水停电等，引起机械停歇时间。

（5）机械临时维修、小修和水电线路移动所引起的机械停歇时间。

根据以上影响因素，在企业定额的基础上增加一个附加额，这个附加额用相对数表示，称为幅度差系数。大型机械的幅度差系数一般取 1.3 左右。

垂直运输用的塔吊、卷扬机及砂浆，由于混凝土搅拌机是按小组配用，以小组产量计算机械台班数量，不另增加机械幅度差。

第14章　消耗量定额的内容及项目的划分

14.1　消耗量定额手册的内容

TY 01－31—2015《房屋建筑与装饰工程消耗量定额》（以下简称《消耗量定额》），主要由目录、总说明、分部说明、工程量计算规则、定额项目表以及有关附录组成。

1. 总说明

总说明主要阐述了定额的编制原则、指导思想、编制依据、适用范围以及定额的作用。同时说明了编制定额时已经考虑和没有考虑的因素、使用方法及有关规定等。因此，使用定额前应首先了解和掌握总说明。《消耗量定额》总说明内容如下：

（1）《消耗量定额》包括土石方工程，地基处理及边坡支护工程，桩基工程，砌筑工程，混凝土及钢筋混凝土工程，金属结构工程，木结构工程，门窗工程，屋面及防水工程，保温、隔热、防腐工程，楼地面装饰工程，墙、柱面装饰与隔断、幕墙工程，天棚工程，油漆、涂料、裱糊工程，其他装饰工程，拆除工程，措施项目共17章。

（2）本定额是完成规定计量单位分部分项工程、措施项目所需的人工、材料、施工机械台班的消耗量标准，是各地区、部门工程造价管理机构编制建设工程定额确定消耗量、编制国有投资工程投资估算、设计概算、最高投标限价（标底）的依据。

（3）本定额适用于工业与民用建筑的新建、扩建和改建房屋建筑与装饰工程。

（4）本定额以国家和有关部门发布的国家现行设计规范、施工验收规范、技术操作规程、质量评定标准、产品标准和安全操作规程、现行工程量清单计价规范、计算规范和有关定额为依据编制。参考了有关地区和行业标准、定额，以及典型工程设计、施工和其他资料。

（5）本定额按正常施工条件，采用国内大多数施工企业采用的施工方法、机械化程度和合理的劳动组织及工期进行编制。

（6）本定额未包括的项目可按其他相应工程消耗量定额计算，如仍缺项的，应编制补充定额，并按有关规定报住建部备案。

（7）人工。

1）本定额的人工以合计工日表示，并分别列出普工、一般技工和高级技工的工日消耗量。

2）本定额的人工包括基本用工、超运距用工、辅助用工和人工幅度差。

3）本定额的人工每工日按 8h 工作制计算。

4）机械土石方、桩基础、构件运输及安装等工程，人工随机械产量计算的，人工幅度差按机械幅度差计算。

(8) 材料。

1）本定额采用的材料（包括构配件、零件、半成品、成品）均为符合国家质量标准和相应设计要求的合格产品。

2）本定额中的材料包括施工中消耗的主要材料、辅助材料、周转材料和其他材料。

3）本定额中材料消耗量包括净用量和损耗量。损耗量包括从工地仓库、现场集中堆放地点（或现场加工地点）至操作（或安装）地点的施工场内运输损耗、施工操作损耗、施工现场堆放损耗等，规范（设计文件）规定的预留量、搭接量不在损耗中考虑。

4）本定额中除特殊说明外，大理石和花岗岩均按工程半成品石材考虑，消耗量中仅包括了场内运输、施工及零星切割的损耗。

5）混凝土、砌筑砂浆、抹灰砂浆及各种胶泥等均按半成品消耗量以体积表示，其配合比由各地区、部门按现行规范及当地材料质量情况进行编制。

6）本定额中所使用的砂浆均按干混预拌砂浆编制，若实际使用现拌砂浆或湿拌预拌砂浆时，可以按规定进行调整。

7）本定额中木材不分板材与方材，均以××（指硬木、杉木或松木）板方材取定。

8）本定额所采用的材料、半成品、成品品种、规格型号与设计不符时，可按各章规定调整。

9）本定额中的周转性材料按不同施工方法、不同类别、材质，计算出一次摊销量进入消耗量定额。一次使用量和摊销次数见附录。

10）对于用量少、低值易耗的零星材料，列为其他材料。

(9) 关于机械。

1）本定额中的机械按常用机械、合理机械配备和施工企业的机械化装备程度，并结合工程实际综合确定。

2）本定额的机械台班消耗量按正常机械施工工效并考虑机械幅度差综合确定。

(10) 关于水平和垂直运输。

1）材料、成品、半成品包括自施工单位现场仓库或现场指定堆放地点运至安装地点的水平和垂直运输。

2）垂直运输基准面：室内以室内（楼）面为基准面，室外以设计室外地坪面为基准面。

(11) 本定额按建筑面积计算的综合脚手架、垂直运输等，是按一个整体工程考虑的。如遇结构与装饰分别发包，则应根据工程具体情况确定划分比例。

(12) 本定额除注明高度的以外，均按单层建筑物檐高 20m、多层建筑物 6 层（不含地下室）以内编制，单层建筑物檐高在 20m 以上，多层建筑物在 6 层（不含地下室）以上的工程，其降效应增加的人工、机械及有关费用，另按本定额中的建

筑物超高增加费计算。

(13) 本定额中的工作内容已说明了主要的施工工序，次要工序虽未说明，但均已包括在内。

(14) 本定额中遇有两个或两个以上系数时，按连乘法计算。

(15) 本定额注有“××以内”或“××以下”及“小于”者，均包括××本身；“××以外”或“××以上”及“大于”者，则不包括××本身。

2. 分部说明

它主要介绍了分部工程所包括的主要项目及工作内容，编制中有关问题的说明，执行中的一些规定，特殊情况的处理等。它是定额手册的重要部分，是执行定额和进行工程量计算的基准，必须全面掌握。

3. 工程量计算规则

工程量计算规则是对计算各分部分项工程的界线划分和工程量计算参数的确定所做出的统一计算规定，耗量定额的工程量计算规则与计算规范的工程量计算规则基本保持一致，以便于进行清单报价，不完全一样，更具体化。

4. 定额项目表

定额项目表是消耗量定额的主要构成部分，一般由工作内容（分节说明）、定额单位、项目表和附注组成。

分节（项）说明，是说明该分节（项）中所包括的主要内容，一般列在定额项目表的表头左上方，定额单位一般列在表头右上方，一般为扩大单位，如 10m、100m 等。

定额项目表中，向排列为该子项工程定额编号、子项工程名称及人工、材料和施工机械消耗量指标、供编制工程预算单价表及换算定额单价等使用。横向排列着名称、单位和数量等，附注在定额项目表的下方，说明设计与定额规定不符时，进行调整的方法。定额项目表见表 14.1。

表 14.1　　找　平　层

工作内容：1. 清理基层、调运砂浆、抹平、压实。
2. 细石混凝土搅拌、捣平、压实。
3. 刷素水泥浆。

计量单位：$100m^2$

定额编号				11-1	11-2	11-3	11-4	11-5
项目				平面砂浆找平层			细石混凝土地面找平层	
				混凝土或硬基层上	填充材料上	每层减 1mm	30mm	每层减 1mm
				20mm				
名称			单位	消耗量				
人工	合计工日		工日	7.140	8.534	0.195	10.076	0.160
	其中	普工	工日	1.428	1.707	0.039	2.015	0.032
		一般技工	工日	2.499	2.987	0.068	3.527	0.056
		高级技工	工日	3.213	3.804	0.088	4.534	0.072

续表

定额编号			11 - 1	11 - 2	11 - 3	11 - 4	11 - 5
项目			平面砂浆找平层			细石混凝土地面找平层	
			混凝土或硬基层上	填充材料上	每层减 1mm	30mm	每层减 1mm
			20mm				
名称		单位	消耗量				
材料	干混地面砂 DSM20	m^3	2.404	2.550	0.102	—	—
	预拌细石混凝 C20	m^3	—	—	—	3.030	0.010
	水	m^3	0.400	0.400	—	0.400	—
机械	干混砂浆罐式搅拌机	台班	0.034	0.425	0.017	—	—
	双锥反转出料混土搅拌机 200L	台班	—	—	—	0.510	0.017

5. 附录

一般列在消耗量定额手册的最后，包括每 10m 混凝土模板含量参考表和混凝土及砂浆配合比表，供定额算、补充使用。

14.2　消耗量定额项目的划分和定额编号

1. 项目的划分

消耗量定额手册的项目是根据建筑结构、工程内容、施工顺序、使用材料等。按章（分部）、节（分项）、项（子目）排列的。

分部工程（章）是将单位工程中某些性质相近，材料大致相同的施工对象归在一起。

为了便于清单报价，《房屋建筑与装饰工程消耗量定额》（TY 01 - 31—2016）和《山东省建筑工程消耗量定制》（SD 01 - 31—2016）与《房屋建筑与装饰工程工程量计算规范》（GB 50854—2013）的项目划分基本相同。

分部工程以下，又按工程性质，工程内容、施工方法、使用材料等分成许多分项（节）；分项以下，再按工程性质、规格、材料的类别等分成若干子项（子目）。

2. 定额编号

为了使计价项目和定额项目一致，便于查对，章、节、项都应有固定的编号，称之为定额编号。编号的方法一般有汇总号、二符号、三符号等编法。《房屋建筑与装饰工程消耗量定额》是按二符号编码的，如“6 - 10”表示第六章第十个子目。《山东省建筑工程消耗量定额》采用三符号编码，如“2 - 6 - 1”表示第二章第六节第一项，该编码虽然麻烦些，但补充定额可以按节补充，补充定额项目不乱，也符合定额项目多变的要求。

第15章 消耗量定额的使用方法

为了正确地应用消耗量定额编制施工图预算，办理竣工结算，考核工程成本，计算人工、材料、机械的消耗，选择设计方案，做好工程量清单计价等工作。造价人员都应很好学习消耗量定额。首先，应学习消耗量定额的总说明、分部工程说明以及附注、附录的规定和说明，对说明中指出的编制原则、依据、适用范围，已经考虑和没有考虑的因素，以及其他有关问题的说明和使用方法等都应通晓和熟记。其次，对常用项目包括的工作内容、计量单位和项目表中的各项内容的实际含义，要通过日常工作实践，逐一加深理解。还要熟记建筑面积计算规则与各分部分项工程计算规则，以及有关补充定额的规定。

要正确理解设计要求和施工做法是否与定额内容相符，只有对消耗量定额和施工图有了确切的了解，才能正确套用定额，防止错套、重套和漏套，真正做到正确使用定额、消耗量定额的使用一般有下列三种情况。

15.1 消耗量定额的直接套用

工程项目要求与定额内容、做法说明，以及设计要求、技术特征和施工方法等完全相符，且工程量的计量单位与定额计量单位相一致，可以直接套用定额，如果部分特征不相符必须进行仔细核对。进一步理解定额，这是正确使用定额的关键。

另外，还要注意定额中用语和符号的含义。如定额表内有（××）的数量是作为调整换算的依据。又如，××以下或以内，则包括本身，××以上或以外，则不包括本身等。还有“—”等都表示一定的含义。

15.2 消耗量定额的调整换算

工程项目要求与定额内容不完全相符合，不能直接套用定额，应根据不同情况分别加以换算，但必须符合定额中有关规定，在允许范围内进行。

编制消耗量定额时，对那些设计和施工中变化多，影响工程量和价差较大的项目，例如砌筑砂浆强度等级、混凝土强度等级、龙骨用量等均留了活口，允许根据实际情况进行换算、调整。但调整换算要严格按分部说明或附注说明中的规定执行。没有规定一般不允许调整。消耗量定额是发承包双方共同遵守、执行的消耗量定额标准。

消耗量定额的换算可以分为强度等级换算、用量调整、系数调整、运距调整和其他换算。

1. 强度等级换算

在消耗量定额中，对砖石工程的砌筑砂浆及混凝土等均列几种常用强度等级，设计图纸的强度等级与定额规定强度等级不同时，允许换算，其换算公式为换算后定额基价＝定额中基价＋（换入的半成品单价－换出的半成品单价）×相应换算材料的定额用量。

2. 用量调整

在消耗量定额中，定额与实际消耗量不同时，允许调整其数量。如龙骨不同可以换算等。换算时要考虑损耗量，因定额中已考虑了损耗，与定额比较也必须考虑损耗，才有可比性。

3. 系数调整

在消耗量定额中，由于施工条件、方法以及其他相关因素的差异，某些项目的定额消耗量可能需要进行调整。这种调整通常通过乘以相应的系数来实现，这些系数分为定额系数和工程量系数。

（1）定额系数。定额系数是用于调整人工、材料、机械等消耗量定额的系数。当施工条件、方法或其他因素与定额编制时的条件不符时，可以通过定额系数对定额消耗量进行相应的调整，以反映实际施工情况。

（2）工程量系数。工程量系数则是用于计算工程量时的调整系数。它主要用于调整由于设计、施工条件或施工方法等因素引起的工程量变化。通过应用工程量系数，可以更准确地计算出实际施工的工程量，进而为施工预算和成本控制提供准确的数据基础。

4. 运距调整

在消耗量定额中，对各种项目运输定额，一般分为基础定额和增加定额，即超过基本运距时，另行计算。例如人工运土方，定额规定基本运距是 20m，超过的另按每增加 20m 运距计算增加费用。

5. 其他换算

消耗量定额中调整换算的项很多，方法也不一样，例如找平层厚度调整、材料单价换算、增减加费用调整等。总之，定额的换算调整都要按照定额的规定进行。掌握定额的规定和换算调整方法，是对工程造价工作人员的基本要求之一。

15.3　消耗量定额的补充

当设计图纸中的项目，如果在定额中没有明确列出，可作临时性的补充。补充方法一般有两种。

1. 定额代用法

利用性质相似、材料大致相同，施工方法又很接近的定额项目，考虑（估算）

一定的系数进行使用。此种方法一定要在施工实践中加以观察和测定，以便对使用的系数进行调整，保证定额精确性，也为以后新编定额，补充定额项目做准备。定额代用法是补充定额编制的一种方法，不同于定额换算，定额编号处应写补 1、补 2 等。

2. 补充定额法

材料用量按照图纸的构造做法及相应的计算公式计算，并加入规定的损耗率。人工及机械台班使用量，可按劳动定额、机械台班定额及类似定额计算，并经有关技术、定额人员和工人讨论确定，然后乘以人工工日单价、材料价格及机械台班单价，即得到补充定额单价。

复习思考题

1. 什么是消耗量定额？消耗量定额有什么作用？
2. 消耗量定额的编制原则是什么？
3. 机械台班消耗指标如何确定？
4. 材料消耗指标的如何计算？
5. 人工消耗指标包括哪些内容？

自测题

一、单项选择题

1. 建筑工程中必需的材料消耗中不包括（　　）。

A. 直接用于建筑工程的材料　　B. 不可避免的施工废料

C. 不可避免的场外运输损耗材料　　D. 不可避免的材料损耗

2. （　　）用来对整个工作班或半个工作班进行长时间观察。

A. 测时法　　B. 混合法　　C. 图示法　　D. 数示法

3. 由于机械保养而中断的时间属于（　　）。

A. 多余工作时间　　B. 有效工作时间

C. 停工时间　　D. 不可避免的中断时间

4. 以下关于人工消耗定额编制的中，说法错误的是（　　）。

A. 人工消耗定额是规定在一定生产技术组织条件下，完成单位合格产品所必需的劳动消耗量的标准

B. 人工消耗定额包括人工消耗时间的净用量和人工消耗时间的损耗量

C. 人工消耗定额按其表示形式有时间定额和产量定额两种

D. 人工消耗定额编制的基本方法有经验估计法、统计分析法、比较类推法和技术测定法等

5. 消耗量定额一般以（　　）为基础进行编制，施工定额编制时往往以消耗量定额作为控制的参考依据。

A. 预算定额　　B. 施工定额　　C. 概算定额　　D. 概算指标

二、判断题

1. 消耗量定额中材料消耗量指标反映的是平均先进水平。（　）

2. 消耗量定额的编制过程所采用的水平为企业内部的平均先进水平，编制对象为工序或工作过程。（　）

3. 消耗量定额是计划经济的产物，消耗量定额的经济管理方式具有指令性、静态、计划等特点。（　）

4. 施工过程的影响因素有技术因素、组织因素、工艺因素、自然因素和材料因素。（　）

5. 数示法和选择测时法都属于写实记录法。（　）

三、计算题

1. 已知 $10m^3$ C20 混凝土矩形柱基价为 2684.3 元，C20 混凝土单价为 163.39 元/m^3，C30 混凝土单价为 186.64 元/m^3。其中人工、材料、机械组成见表 1。试求 $10m^3$ C30 混凝土矩形柱基价。

表 1　人工、材料、机械组成表

人工	材料				机械		
综合工日	现浇混凝土 C20/m^3	草袋子 /m^2	水 /m^3	水泥砂浆 1∶2/m^3	混凝土搅拌机 400L /台班	混凝土振捣器（插入式）/台班	灰浆搅拌机 200L /台班
22.64	9.96	1.02	9.19	0.31	0.62	1.24	0.04

2. 小波石棉瓦规格为 1820mm×720mm，长向搭接长度为 200mm，宽向搭接长度为 94.5mm，损耗率为 4%；脊瓦规格为 780mm × 180mm，搭接长度为 70mm，每 $100m^2$ 屋面取定含脊长 11m，综合损耗率为 3.5%；则每铺 $100m^2$ 屋面用小波石棉瓦和脊瓦消耗量为多少？

第3篇 概 算 定 额

在建筑工程领域，概算定额不仅是工程计价的重要基础，更是确保建设项目经济合理性和投资控制有效性的关键工具。本篇将共同探索概算定额的概念、作用、编制方法及其在实际项目中的应用，构建全面的概算定额知识体系，提升造价人工程经济管理的综合能力。

首先，从概算定额的基本概念入手，明确其作为扩大分项工程或结构构件所需资源消耗量的数量标准，并探讨其在简化工程量计算、编制设计概算等方面的重要作用。通过对比概算定额与预算定额的联系与区别，将更清晰地呈现两者在项目不同阶段的应用场景和互补关系。

然后，将深入剖析概算定额的编制依据、原则和方法，包括定额项目的划分、计量单位的选择以及定额数据的综合取定等关键环节。这些内容是确保概算定额准确性和适用性的基础，也是造价人在实际工作中需要重点掌握的技能。此外，本篇还将详细介绍概算定额手册的组成及应用，包括总说明、建筑面积计算规范、扩大分部工程定额以及概算定额项目表等核心内容。

最后，将重点讨论概算定额应用中的注意事项，确保工程投资的有效控制。

通过本篇的学习，造价人将能够全面理解概算定额在基础建设与投资控制中的核心作用，掌握其编制和应用的基本技能，为其在建筑工程领域的职业发展提供有力支持。

第16章 概算定额的概念和作用

概算定额的
概念和作用

16.1 概　　念

概算定额是规定一定计量单位的扩大分项工程或扩大结构构件所需人工、材料、机械台班消耗量和货币价值的数量标准。它是在相应预算定额的基础上，根据有代表性的设计图纸及通用图、标准图和有关资料，把预算定额中的若干相关项目合并、综合和扩大编制而成的，以达到简化工程量计算和编制设计概算的目的。例如，砌筑条形毛石基础，在概算定额中是一个项目，而在预算定额中，则分属于挖土、回填土、槽底夯实、找平层和砌石五个分项。概算定额又称为扩大结构定额，它是在预算定额的基础上，根据通用设计图和标准图等资料，将主要施工工序及与之相关的其他施工工序进行综合、扩大和合并所形成的定额。例如，“砖基础”这一概算定额项目，便是以砖基础为主，将平整场地、基础土方、基础垫层、基础防潮层、回填土、外运余土等诸多工序进行综合、扩大和合并而形成的。

编制概算定额时，为了能适应规划、设计、施工各阶段的要求，概算定额与预算定额的水平应基本一致，即反映社会平均水平。但由于概算定额是在预算定额的基础上综合扩大而成的，因此两者之间必然产生并允许留有一定的幅度差，这种扩大的幅度差一般在5%以内，以便使根据概算定额编制的设计概算能对施工图预算起控制作用。目前，全国尚无编制概算定额的统一规定，各省（自治区、直辖市）的有关部门是在总结各地区经验的基础上编制概算定额的。

16.2 作　　用

正确合理地编制概算定额对提高设计概算的质量，加强基本建设经济管理，合理使用建设资金、降低建设成本，充分发挥投资效果等方面，都具有重要的作用。其作用主要表现在：

（1）概算定额是编制建设项目设计概算和修正概算的依据。

工程建设程序规定：凡采用两阶段设计的，在初步设计时必须编制概算；凡采用三阶段设计的，在技术设计时还需编制修正概算。目的是对拟建项目进行总估价，以控制工程建设投资额。而概算定额是编制初步设计概算和技术设计修正概算的重要依据。

（2）概算定额是对设计方案进行比较的依据。

设计方案比较是对设计方案的适用性、技术先进性和经济合理性进行评估。在满足使用功能的条件下，尽可能降低造价和资源消耗。概算定额的综合性及其所反映的实物消耗量指标，为设计方案比较提供了方便条件。

（3）概算定额是编制工程主要材料计划的重要依据。

根据概算定额所列的材料消耗量指标，可计算出工程材料的需求量。这样在施工图设计之前就可以提出材料需求计划，为材料的采购和施工准备提供充裕时间。

（4）概算定额是编制概算指标的依据。

概算指标是从设计概算或施工图预（决）算文件中取出有关数据和资料进行编制的，而概算定额又是编制概算文件的主要依据，因此概算定额又是编制概算指标的重要依据。

第17章　概算定额与预算定额的联系与区别

概算定额与预算定额是建设项目成本管理中的两个重要概念，它们都涉及资源消耗的定额，但在应用的阶段、目的、精确度等方面存在一定的差异。以下是它们的联系与区别：

(1) 概算定额与预算定额都是以建（构）筑物各个结构部分和分部分项工程为单位表示的，内容也都包括人工、材料和机械台班使用量定额三个基本部分，并列有基准价。

(2) 概算定额表达的主要内容、表达的主要方式及基本使用方法都与预算定额相近。

定额基准价＝定额单位人工费＋定额单位材料费＋定额单位机械费
＝人工概算定额消耗量×人工工资单价＋$\sum$(材料概算定额消耗量×材料预算价格)＋$\sum$(施工机械概算定额消耗量×机械台班费用单价)

(3) 概算定额与预算定额的不同之处在于项目划分和综合扩大程度上的差异；同时，概算定额主要用于设计概算的编制。由于概算定额综合了若干分项工程的预算定额，因此概算工程量的计算和概算表的编制都比编制施工图预算简化了很多。

(4) 编制概算定额时，应考虑到能适应规划、设计、施工各阶段的要求。概算定额与预算定额应保持一致水平，即在正常条件下，反映大多数企业的设计、生产及施工管理水平。

(5) 概算定额的内容和深度是以预算定额为基础的综合与扩大。在合并中不得遗漏或增加细目，以保证定额数据的严密性和正确性。概算定额务必达到简化、准确和适用。

第18章 概算定额的编制

18.1 编 制 依 据

概算定额的编制依据因其使用范围不同而不同，编制依据一般有以下几种：

（1）现行的全国通用的设计标准、规范和施工验收规范。

（2）现行的预算定额。

（3）过去颁发的概算定额。

（4）标准设计和有代表性的设计图纸。

（5）现行的人工工资标准、材料预算价格和施工机械台班单价。

（6）有关施工图预算和结算资料。

18.2 编 制 原 则

编制概算定额时，应遵循以下原则：

（1）相对于施工图预算定额而言，概算定额应本着扩大综合和简化计算的原则进行编制。简化计算是指在综合内容、工程量计算、活口处理和不同项目的换算等问题的处理上力求简化。

（2）概算定额应做到简明适用。简明是指在章节的划分、项目的排列、说明、附注、定额内容和表面形式等方面，清晰醒目，一目了然；适用是指面对本地区，综合考虑到各种情况都能应用。

（3）为保证概算定额质量，必须把定额水平控制在一定的幅度之内，使预算定额和概算定额之间幅度差的极限值控制在5%以内，一般控制在3%左右。

（4）细算粗编。细算是指在含量的取定上，一定要正确地选择有代表性且质量高的图纸和可靠的资料，精心计算，全面分析。粗编是指在综合内容时，要贯彻以主代次的指导思想，以影响水平较大的项目为主，并将影响水平较小的项目综合进去；换句话说，综合的内容，可以尽量多一些和宽一些，尽量不留活口。

（5）考虑运用统筹法原理及电子计算机计算程序，提高概算工作效率。

18.3 编 制 方 法

（1）定额项目的划分：应以简明和便于计算为原则，在保证一定准确性的前提下，以主要结构分部工程为主，合并相关联的子项目。

（2）定额的计量单位：基本上按预算定额的规定执行，但是扩大该单位中所包含的工程内容。

（3）定额数据的综合取定：由于概算定额是在预算定额的基础上综合扩大而成，因此在工程的标准和施工方法的确定、工程量计算和取值上都需综合考虑，并结合概、预算定额水平的幅度差而适当扩大，还要考虑到初步设计的深度条件来编制。如对混凝土和砂浆的强度等级、钢筋用量等，可根据工程结构的不同部位，通过综合测算、统计而取定合理数据。

18.4 编制的一般要求

（1）概算定额的项目综合程度要适应设计深度的要求。由于概算定额是在初步设计阶段使用的，受初步设计的设计深度所限制，因此定额项目划分应符合简化、准确和适用的原则。

（2）概算定额的水平应与预算定额的水平保持一致。概算定额与预算定额都是用于工程计价的定额，它必须反映正常条件下大多数企业设计、生产、施工、管理的水平。

由于概算定额是在预算定额的基础上适当进行扩大、综合和简化，因而在工程标准、施工方法和工程量取值等方面进行综合、测算时，概算定额与预算定额之间必然产生并允许留有一定的幅度差，以便根据概算定额编制的概算能够控制住施工图预算。

18.5 编制步骤

概算定额的编制步骤如图 18.1 所示。

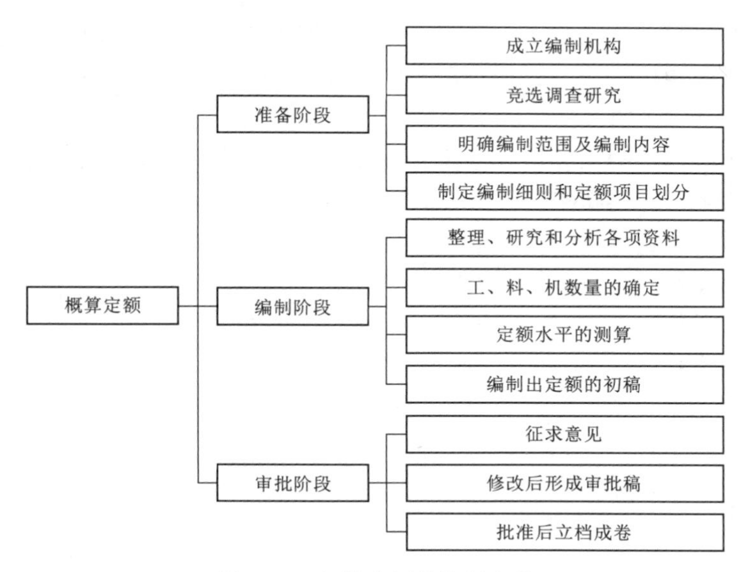

图 18.1 概算定额的编制步骤

概算定额手册的组成及应用

第19章 概算定额手册的组成及应用

19.1 概算定额手册的组成

概算定额的内容一般由总说明、扩大分部工程定额、概算定额项目表以及有关附录组成。

1. 总说明

总说明是对定额的使用方法及共同性的问题所作的综合说明和规定。总说明一般包括以下要点：

(1) 概算定额的性质和作用。

(2) 定额的适用范围、编制依据和指导思想。

(3) 有关人工、材料、机械台班定额的规定和说明。

(4) 有关定额的使用方法的统一规定。

(5) 有关定额的解释和管理等。

2. 建筑面积计算规范

建筑面积是以平方米（m^2）为计量单位，反映房屋建设规模的实物量指标。建筑面积计算规范由国家统一编制，是计算工业与民用建筑面积的依据。

3. 扩大分部工程定额

每一扩大分部工程定额均可有章节说明、工程量计算规则和定额表。

例如某省概算定额将单位工程分成 13 个扩大分部，顺序如下：

(1) 土方工程。

(2) 地基处理与边坡支护工程。

(3) 打桩工程。

(4) 基础工程。

(5) 墙体工程。

(6) 柱、梁工程。

(7) 楼地面、顶棚工程。

(8) 屋盖工程。

(9) 门窗工程。

(10) 构筑物工程。

（11）附属工程及零星项目。

（12）脚手架、垂直运输、超高施工增加费。

（13）大型施工机械进（退）场安拆。

4. 概算定额项目表

概算定额项目表是定额最基本的表现形式，内容包括计量单位、定额编号、项目名称、项目消耗量、定额基价及工料指标等。表 19.1 和表 19.2 是某省框架墙外墙和楼地面面层概算定额表。

表 19.1　　框架墙外墙概算定额表

工程内容：砌墙、浇捣钢筋混凝土过梁、局部挂钢丝网、内墙面抹灰

定额编号				5-25	5-26	2+27
项目				框架混凝土实心砖外墙		
				1 砖墙	1/2 砖墙	190 厚砖墙
				内面普通抹灰		
基价				122.32	85.76	116.76
其中	人工费/元			45.12	38.19	44.58
	材料费/元			76.35	46.79	71.38
	机械费/元			0.85	0.78	0.80
预算定额编号	项目名称	单位	单价/元	消耗量		
4-6	砌混凝土实心砖墙厚 1 砖	$10m^3$	4464.06	0.01810	—	—
4-8	砌混凝土实心砖墙厚 1/2 砖	$10m^3$	4866.03	—	0.00860	—
4-16	砌混凝土实心砖墙厚 190mm	$10m^3$	5276.72	—	—	0.01440
5-131	直形圈（过）梁复合木模板	$100m^2$	5392.35	0.00083	0.00167	0.00089
5-36	圆钢 HPB300 直径 10mm 以内	t	4810.68	0.00100	0.00100	0.00100
5-10	圈（过）梁、拱形梁	$10m^3$	5331.36	0.00100	0.00060	0.00080
12-1	内墙面一般抹灰 14+6（mm）	$100m^2$	2563.39	0.01000	0.01000	0.01000
12-8	挂钢丝网	$100m^2$	1077.65	0.00117	0.00117	0.00117
名称		单位	单价/元	消耗量		
人工	二类人工	工日	135.00	0.21894	0.16906	0.21519
	三类人工	工日	155.00	0.09983	0.09983	0.09983
材料	混凝土实心砖 240mm×115mm×53mm	千块	388.00	0.09629	0.04790	—
	混凝土实心砖 190mm×190mm×90mm	千块	296.00	—	—	0.12082
	水	m^3	4.27	0.01297	0.01035	0.01176
	复合模板综合	m^2	32.33	0.01648	0.03501	0.01853
	非泵送商品混凝土 C25	m^3	421.00	0.01010	0.00606	0.00808
	热轧光圆钢筋 HPB300ϕ10	t	3981.00	0.00102	0.00102	0.00102
	复合硅酸盐水泥 P·C32.5R 综合	kg	0.32	0.00560	0.01190	0.00630
	木模板	m^3	1445.00	0.00025	0.00052	0.00028
	钢支撑	kg	3.97	0.05530	0.11750	0.06221

表 19.2　　　　　　　　　楼地面面层概算定额表

工程内容：清理基层、抹找平层、铺贴面层、踢脚线等

定额编号				7-30	7-31
项目				石材楼地面	
				干混砂浆铺贴	黏结剂铺贴
基价				234.63	223.95
其中	人工费/元			44.24	33.14
	材料费/元			190.01	190.63
	机械费/元			0.38	0.18
预算定额编号	项目名称	单位	单价/元	消耗量	
11-1	干混砂浆找平层 20mm 厚	$100m^2$	1746.27	0.00930	0.00930
11-31	石材楼地面干混砂浆铺贴	$100m^2$	20626.79	0.00930	—
11-32	石材楼地面黏结剂铺贴	$100m^2$	19557.26	—	0.00930
11-96	石材踢脚线干混砂浆铺贴	$100m^2$	22131.70	0.00120	—
11-98	石材踢脚线黏结剂铺贴	$100m^2$	21525.76	—	0.00120
名称		单位	单价/元	消耗量	
人工	三类人工	工日	155.00	0.28540	0.21380
材料	白色硅酸盐水泥 32.5 级 2 级白度	kg	0.59	0.11200	0.01714
	天然石材饰面板	m^2	159.00	1.07340	1.07340
	水	m^3	4.27	0.02775	0.01574
	干混地面砂浆 DS M15.0	m^3	443.08	0.01544	—
	干混地面砂浆 DS M20.0	m^3	443.08	0.02433	0.01897

19.2　概算定额手册的应用

概算定额主要用于编制设计概算，设计概算的编制方法有概算定额法、概算指标法、类似工程预算法等，而最常用的方法是概算定额法。

1. 概算定额法的概念

概算定额法又称为扩大单价法或扩大结构定额法，是一种用概算定额编制设计概算的方法，类似于采用预算定额编制施工图预算的方法。运用概算定额法确定设计概算，要求初步设计图纸必须达到一定的深度，如图纸中建筑结构比较明确，能依据图纸计算出基础、柱、梁、楼地面、墙体、门窗和屋面等分部分项工程的工程量。

2. 概算定额法的编制步骤

概算定额法的编制是工程项目初步预算和成本估算的重要环节，通常在项目的可行性研究或初步设计阶段进行，目的是为项目提供一个初步的成本估算和资金筹措的依据。概算定额的编制步骤可以大致分为以下几个阶段：

（1）根据设计图纸和概算定额列出各分部分项工程名称，并根据概算定额的工程量计算规则计算出各分部分项的工程量。

（2）套用概算定额计算分部分项工程的定额直接费（又称直接工程费，包含措施费），并进行工、料、机价格调整，使之符合现行价格水平。

（3）在定额直接费（又称直接工程费，包含措施费）的基础上，按规定的费率计算出其他直接费，再将定额直接费与其他直接费进行合并，形成直接费，即

直接费＝定额直接费＋措施费＋其他直接费

（4）计算出间接费、利润和税金。

（5）汇总形成单位工程概算造价，即

单位工程概算造价＝直接费＋间接费＋利润＋税金

第20章 概算定额编制示例

概算定额往往是在消耗量定额或预算定额的基础上进行综合扩大而成，表20.1是某地区概算定额编制范例。

表20.1　　人工挖孔桩概算定额表

工作内容：孔内挖土、弃运土方、孔内照明、抽水、修整清理、安拆模板、混凝土护壁制作安装、混凝土搅拌、运输、灌注、振实、钢筋笼制作安装

定额编号					3-49	3-50	3-51
项目					桩径1000mm内		
					孔深		
					6m以内	10m以内	10m以上
基价/元					1286.96	1311.72	1343.21
其中		人工费/元			322.06	358.28	400.68
		材料费/元			896.37	884.26	872.11
		机械费/元			68.53	69.18	70.42
代码		名称	单位	单价	消耗量		
预算	3-107	人工挖孔桩径1000mm以内孔深6m以内	$10m^3$	934.01	0.13130	—	—
	3-108	人工挖孔桩径1000mm以内孔深10m以内	$10m^3$	1261.70	—	0.13130	—
	3-109	人工挖孔桩径1000mm以内孔深10m以上	$10m^3$	1649.50	—	—	0.13130
	3-114	人工挖孔增加费入岩石层	$10m^3$	1535.30	0.00795	0.00660	0.00450
	3-115	制作安设混凝土护壁	$10m^3$	11576.69	0.02390	0.02390	0.02390
	3-116	灌注桩芯混凝土	$10m^3$	4834.02	0.10000	0.10000	0.10000
	3-128	凿桩 灌注桩	$10m^3$	2053.61	0.00550	0.00450	0.00350
	5-54	混凝土灌注桩钢筋笼 圆钢HPB300	t	4743.88	0.01600	0.01400	0.01200
	5-55	混凝土灌注桩钢筋笼带肋钢筋HRB400	t	4658.35	0.04000	0.03900	0.03800
	5-36	$\leqslant\phi10$	t	4810.67	0.01250	0.01250	0.01250
	5-37	$\leqslant\phi18$	t	4637.52	0.01250	0.01250	0.01250
	1-79	人工就地回填土松填	$100m^3$	533.75	0.00075	0.00075	0.00075

在工程项目中，概算定额是编制工程概算和控制工程成本的重要依据。使用概算定额时需要注意以下几个关键事项：

（1）充分了解概算定额与预算定额的关系，以便正确套用。概算定额由各项预算定额项目消耗量乘以相应的预算单价计算得到。预算定额是综合预算定额编制的基础，两者配合使用。

（2）熟悉概算定额综合的内容，以免重复计算或漏算。使用综合预算定额时，一定要了解和熟悉定额综合的内容，以免重复计算或漏算。

（3）概算定额所综合的内容和含量不得随意修改。概算定额综合的内容及含量是按一般工业与民用建筑标准图集、典型工程施工图，经测算比较分析后取定的，不得因具体工程的内容和含量不同而随意修改定额（除定额中说明允许调整者外）。

复习思考题

1. 什么是概算定额？有哪些作用？
2. 预算定额与概算定额有何异同点？
3. 概算定额的编制依据与编制原则有哪些？
4. 概算定额应用的注意事项有哪些？

自 测 题

一、单项选择题

1. 概算定额在编制过程中，必须把定额水平控制在一定的幅度之内，使消耗量定额与概算定额之间幅度差的极限位一般控制在（　　）。

A. 2%　　B. 10%　　C. 20%　　D. 3%

2. 概算定额是以消耗量定额为基础，根据通用图和标准图等资料，以主要（　　）为基础，经过适当综合扩大编制而成的定额。

A. 单位工程　　B. 分部工程　　C. 分项工程　　D. 单项工程

3. 建筑工程概算定额一般由总说明、章说明、概算定额表、工程内容以及有关附录等部分组成。以下选项中不属于总说明的内容的是（　　）。

A. 概算定额的性质和作用

B. 概算定额编纂形式和应注意的事项

C. 概算定额编制目的和适用范围

D. 章节计算规则

4. 概算定额是在（　　）基础上编制的。

A. 劳动定额　　B. 预算定额　　C. 施工定额　　D. 概算指标

5.（　　）是编制扩大初步设计概算，计算和确定工程造价，计算人工、材料、机械台班需要量所使用的定额。

A. 概算定额　　B. 概算指标　　C. 预算定额　　D. 施工定额

二、计算题

1. 参照相关预算定额，以 $10m^2$ 为单位，编制一砖内墙墙体（双面抹灰）概算定额其中墙体抹灰应综合石灰砂浆、水泥砂浆、混合砂浆等抹灰子目，各自所占比例分别为 10%、20%、70%。

2. 某市一建筑工程，每层建筑面积为 $500m^2$，共七层，底层层高 6.3m，其他层均为 3.6m，室内外高差 600mm，基础深 4m，施工采用塔吊。

求：(1) 综合脚手费。

(2) 建筑超高费。

(3) 塔吊垂直运输增加费。

(4) 基础混凝土运输脚手费。

第4篇 概 算 指 标

在建筑工程领域，概算指标的编制与应用是工程项目投资控制的关键环节之一。概算指标不仅为工程项目的初步设计提供了经济评价的基础，还是基建部门编制投资计划和估算材料消耗量的重要依据。对于设计单位而言，概算指标更是方案设计阶段编制投资估算、选择设计方案不可或缺的工具。

本篇将引领大家踏上一场关于概算指标的深度探索之旅。从概算指标的基本概念出发，逐步揭开其神秘面纱，明确其在工程项目投资控制中的核心作用。无论是作为控制工程项目投资的依据，还是基建部门编制投资计划和估算材料消耗量的参考，抑或是设计单位在方案设计阶段编制投资估算的基准，帮助造价人在实际工作中更加准确地计算工程所需的人工、材料和机械资源，为项目的成本控制奠定坚实基础。

此外，本篇还将通过具体案例，展示如何利用概算指标进行工程项目的概算编制。从建筑面积调整概算价的计算，到工料数量的调整，再到概算基价和概算造价的确定，每一步都将进行详细解析，使造价人能够掌握实际操作中的关键技巧。

通过学习本篇，无论是对于从事工程造价管理的专业人员，还是对于建筑设计、施工等领域的从业者来说，本书都提供了宝贵的参考和指导。希望造价人能够认真阅读，深入理解，将所学知识灵活应用于实际工作中，为工程项目的投资决策和成本控制提供有力支持。

第21章 概算指标的概念及作用

概算指标的概念及作用

21.1 概算指标的概念

概算指标是以每 $100m^2$ 建筑面积、每 $1000m^3$ 建筑体积或每座构筑物为计算单位，规定人工、材料、机械台班的消耗量标准和造价指标。概算指标是概算定额的扩大与合并，它是以整个房屋构筑物为对象，以更为扩大的计量单位来编制的，也包括劳动力、材料和机械台班定额 3 个基本部分。实际上，概算指标还可以用 m^2、元、km 等作为计量单位。

概算定额与概算指标都是在初步设计阶段用来编制设计概算的基础资料，两者的区别可从以下几方面来理解：

(1) 编制对象不同。概算定额是以定额计量单位的扩大分项工程或扩大结构构件为对象编制的，概算指标是以扩大计量单位（面积或体积）的建筑安装工程为对象编制的。

(2) 确定消耗量指标的依据不同。概算定额以现行的预算定额为基础，通过计算综合确定出各种消耗量指标，概算指标中各种消耗量指标的确定主要来源于各种预算或结算数据。

(3) 综合程度不同。概算定额比预算定额综合性强，概算指标比概算定额综合性强。

(4) 适用条件不同。概算定额适用于设计深度较深，已经达到能计算扩大分项工程的程度，概算指标适用于设计深度较浅，只要达到已经明确结构特征的程度。

(5) 使用方法不同。使用概算定额编制概算书时需要先计算扩大分项工程的工程量，再与概算单价相乘来计算概算直接费，使用概算指标编制概算书时只需要计算拟建工程的建筑面积（或体积），再与单位面积（或体积）的概算指标值相乘来计算概算直接费。

21.2 概算指标的作用

概算指标的作用体现在以下 3 个方面。

(1) 概算指标是控制工程项目投资的依据。概算指标必须遵照价值规律的客观要求，贯彻平均水平的编制原则，才能使概算指标合理确定和控制工程造价的作用得到充分发挥。

(2) 概算指标是基建部门编制基本建设投资计划和估算主要材料消耗量的依据。概算指标从形式到内容应简明易懂，能在较大范围内满足不同用途的需要。

(3) 概算指标是设计单位在方案设计阶段编制投资估算、选择设计方案的依据。编制概算指标所依据的工程设计资料是有代表性的，技术上是先进的，经济上是合理的。

第22章 概算指标计算及步骤

22.1 人工消耗指标的组成

1. 人工消耗

(1) 基本用工。基本用工指完成分项工程的主要用工量。例如，砌筑各种墙体工程的砌砖、调制砂浆以及运输砖和砂浆的用工量。

(2) 其他用工。其他用工是辅助基本用工消耗的用工。按工作内容不同又分以下三类。

1) 超运距用工指超过人工定额规定的材料、半成品运距的用工。

2) 辅助用工指材料需在现场加工的用工，如筛沙子、淋石灰膏等增加的用工量。

3) 人工幅度差用工指人工定额中未包括的，而在一般正常施工情况下又不可避免的一些零星用工。人工幅度差用工其内容如下：①各种专业工种之间的工序搭接及土建工程与安装工程的交叉、配合中不可避免的停歇时间；②施工机械在场内单位工程之间变换位置及在施工过程中移动临时水电线路引起的临时停水、停电所发生的不可避免的间歇时间；③施工过程中水电维修用工；④隐蔽工程验收等工程质量检查影响的操作时间；⑤现场内单位工程之间操作地点转移影响的操作时间；⑥施工过程中工种之间交叉作业造成的不可避免的剔凿、修复、清理等用工；⑦施工过程中不可避免地直接少量零星用工。

2. 人工消耗指标的计算

(1) 基本用工的计算为

$$基本用工数量=\sum(工序工程量\times 时间定额)$$

(2) 超运距用工的计算为

$$超运距用工数量=\sum(超运距材料数量\times 时间定额)$$

其中，超运距=预算定额规定的运距－劳动定额规定的运距

(3) 辅助用工的计算为

$$辅助用工数量=\sum(加工材料数量\times 时间定额)$$

(4) 人工幅度差用工的计算为

$$人工幅度差用工数量=\sum(基本用工+超运距用工+辅助用工)\times 人工幅度差系数$$

22.2　确定材料消耗量的步骤

确定材料消耗量需要进行详细的工程分析和计算，一般确定方法如下：

1. 收集相关资料

收集与工程相关的资料包括设计图纸、施工方案、材料清单等工程量计算；根据设计图纸和施工方案，计算各个分部分项工程的工程量。

2. 材料消耗量计算

根据工程量计算所需的材料数量。一般而言，材料的消耗量可以通过以下公式计算：

材料消耗量＝工程量×材料消耗定额

式中　材料消耗定额——每单位工程量所需消耗的材料数量，可以通过查阅相关定额或咨询设计人员获得。

3. 材料损耗率的考虑

在计算材料消耗量时，需要考虑材料的损耗率。损耗率是指施工过程中材料的损耗量与实际消耗量的比例。一般而言，损耗率可以通过以下公式计算：

损耗率＝(损耗量/实际消耗量)×100%

在确定损耗率时，需要考虑不同的施工方法和材料特性等因素。

4. 确定最终材料消耗量

将材料消耗量和损耗率相乘，即可得到最终的材料消耗量。需注意，材料消耗量的确定是一个复杂的过程，需要考虑多种因素。因此，在实际操作中，需要结合具体情况进行详细的工程分析和计算。

22.3　概算指标机械消耗量的计算步骤

1. 确定机械设备的种类和型号

在计算概算指标机械消耗量之前，首先需要根据工程的具体情况选择合适的机械设备种类和型号。不同种类的机械设备其消耗量是不同的，因此选择合适的设备对概算指标的准确性至关重要。

2. 确定每台设备的功率

每台设备的功率是计算概算指标机械消耗量的重要参数。需要收集并分析所需设备的功率，以确保概算指标的准确性。可以通过查阅设备说明书或制造商提供的技术参数来获取这些信息。

3. 确定每台设备的台班产量

台班产量是指机械设备在台班内完成的产量。这一参数同样至关重要，因为它决定了每台设备需要的工作时间，进而影响着机械消耗量的计算结果。可以通过了解设备制造商提供的台班产量数据或参考类似设备的台班产量来估算。

4. 计算每台设备的台班消耗量

在确定每台设备的台班产量后，可以使用以下公式来计算每台设备的台班消

耗量：

台班消耗量＝总工作量/台班产量

5. 确定每立方米工程量所需消耗的机械设备数量

最后，需要根据每立方米工程量和每台设备的台班产量，计算出每立方米工程量所需消耗的机械设备数量。这一步骤可以更好地了解所需机械设备的数量和工作效率。可以使用以下公式进行计算：

所需机械设备数量＝每立方米工程量/(每台设备台班产量×机械台利用系数)

式中　机械台班利用系数——机械在一个台班内有效工作时间的比例系数，可以根据类似工程经验或通过现场实测来确定。

综上所述，概算指标机械消耗量的计算方法包括确定机械设备的种类和型号、确定每台设备的功率、确定每台设备的台班产量、计算每台设备的台班消耗量以及确定每立方米工程量所需消耗的机械设备数量。这些步骤都是相互关联的，任何一个步骤的错误都可能导致概算指标的不准确。因此，在进行计算时需要认真仔细，并尽可能多地收集相关数据和信息，以确保计算的准确性。

概算指标
的编制

第23章 概算指标的编制

23.1 概算指标的编制原则

概算指标的编制原则是指在编制工程项目的概算时，确保合理、准确、科学地估算项目成本的基本原则。合理的概算指标有助于项目预算的控制、项目顺利进行以及经济效益的最大化。以下是常见的编制原则：

（1）按平均水平确定概算指标的原则。

在社会主义市场经济的条件下，概算指标作为确定工程造价的依据，同样必须遵守价值规律的客观要求，在对其进行编制时，必须按社会必要劳动时间计算，且还要贯彻平均水平的编制原则。只有这样才能使概算指标合理确定和控制工程造价的作用得到充分发挥。

（2）概算指标的内容与表现形式要贯彻简明、适用的原则。

为适应市场经济的客观要求，概算指标的项目划分应根据用途的不同，确定其项目的综合范围，遵循粗而不漏、适应面广的原则，体现综合扩大的性质。概算指标从形式到内容应该简明易懂，以便于在采用时根据拟建工程的具体情况进行必要的调整换算，能在较大范围内满足不同用途的需要。

（3）概算指标的编制依据必须具有代表性。

概算指标所依据的工程设计资料，应是有代表性的，技术上是先进的，经济上是合理的。

23.2 概算指标的编制依据

概算指标的编制依据大致有以下几种：

（1）现行的设计标准、通用设计和具有代表性的设计资料。

（2）现行概算定额及补充定额和补充单位估价表。

（3）材料预算价格、施工机械台班预算价格、人工工资标准。

（4）国家颁发的建筑标准、设计规范和施工及验收规范及其他有关规范。

（5）国家或地区颁发的工程造价指标。

（6）工程结算资料。

（7）国家或地区颁发的有关提高建筑经济效果和降低造价方面的文件。

23.3　概算指标的编制步骤

概算指标的编制一般分3个阶段进行。

（1）准备阶段。主要是收集图样资料、制定编制项目、编制概算指标的有关方针、政策和技术性问题。

（2）编制阶段。主要是选定图样，并根据图样资料计算工程量和编制单位工程预算书，以及按照编制方案确定的指标项目对人工及主要材料消标、填写概算指标的表格。

（3）审核定案及审批。概算指标初步确定后要进行审查、比较，并在必要的调整之后，报相关国家授权机关审批。

23.4　概算指标的分类及表现形式

1. 概算指标的分类

概算指标可分为两类：一类是建筑工程概算指标；另一类是安装工程概算指标，具体如图23.1所示。

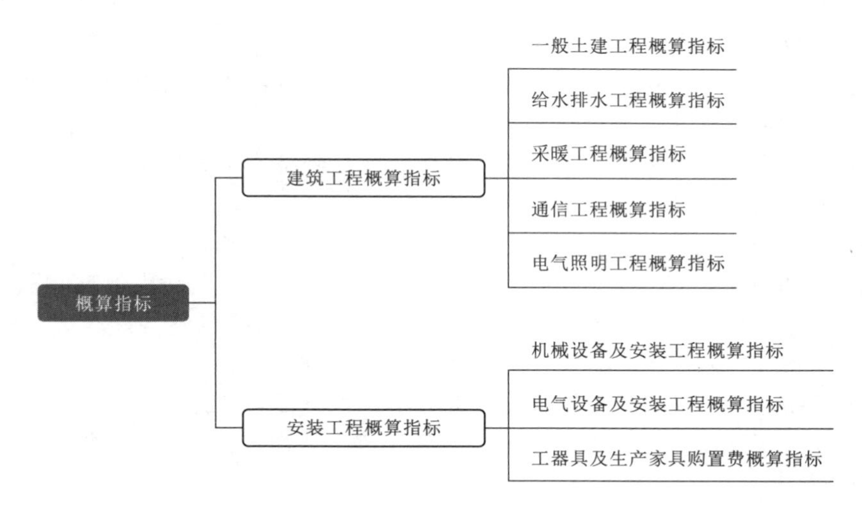

图23.1　概算指标的分类

2. 概算指标的表现形式

概算指标在具体内容的表示方法上，分综合概算指标和单项概算指标两种形式。

（1）综合概算指标。综合概算指标是按照工业或民用建筑及其结构类型而制定的概算指标。综合概算指标的概括性较大，其准确性、针对性均不如单项指标。

（2）单项概算指标。单项概算指标是指为某种建筑物或构筑物而编制的概算指标。单项概算指标的针对性较强，故指标中对工程结构形式要作介绍。只要工程项目的结构形式及工程内容与单项指标中的工程概况相吻合，编制出的设计概算就比较准确。

23.5　概算指标的组成内容

概算指标的组成内容一般包括文字说明和列表两部分，以及必要的附录。

1. 总说明和分册说明

总说明和分册说明内容一般包括概算指标的编制范围、编制依据、分册情况、指标包括的内容、指标未包括的内容、指标的使用方法、指标允许调整的范围及调整方法等。

2. 列表部分

列表部分内容包括建筑工程列表和安装工程列表两种：第一种是建筑工程列表，房屋建筑物、构筑物一般是以建筑面积、建筑体积、“座”“个”等为计量单位，附以必要的示意（示意图是建筑物的轮廓示意或单线平面图），列出综合指标（元/m^2 或元/m^3）、自然条件（如地耐力、地震烈度等）、建筑物的类型、结构型式及各部位中结构主要特点、主要工程量；第二种是安装工程列表，设备以“座”或“台”为计算单位或者以设备购置费或设备原价的百分比（%）表示，工艺管道一般以“m”为计算单位，通信电话站安装以“站”为计算单位，列出指标编号、项目名称、规格、综合指标（元/计算单位）之后一般还要列出其中的人工费，必要时还要列出主要材料费、辅材费。

建筑工程列表中一般包括示意图、结构特征、经济指标、构造内容、工程量指标、人工及主要材料消耗量指标 6 个部分。

（1）示意图。说明工程的结构型式，工业建筑还表示出吊车起重能力等。

（2）结构特征。进一步说明工程的结构型式，层高、层数和建筑面积等。例如，某砖混结构六层住宅的结构特征为：结构型式——砖混结构，层数——6 层，层高——2.9m，檐高——18.3m，建筑面积——4206m^2。

（3）经济指标。经济指标可分为分部分项工程指标、措施项目指标和其他项目指标等说明该工程每 100m^2 造价及其中建筑工程、装饰工程和安装工程等单位工程的相应造价。

（4）构造内容。说明该工程项目的构造内容。

（5）工程量指标。列出每 100m^2 建筑面积的扩大分项工程量指标。

（6）人工及主要材料消耗量指标。列出相应计算单位的人工及主要材料消耗量指标。

23.6　概算指标编制示例

某市某住宅楼造价分析指标见表 23.1～表 23.5。

表 23.1 工 程 概 况

工程名称	某住宅楼	建设地点	某市	工程类别	三类
建筑面积	30166m^2	结构类型	框架结构	檐高	19m
层数	七层	单方造价	818 元/m^2	编制日期	某年某月
工程结构特征	本工程为 7 幢七层住宅楼，底层为车库，屋顶有阁楼。基础采用 377 沉管灌注桩，±0.000 以上墙体采用标准砖、水泥砂浆石砌；±0.000 以下采用多孔砖、混合砂浆砌筑，建筑立面采用三段式设计，屋面是四坡水泥瓦；外墙以浅灰色涂料为主，二层以下为横条式仿青石棕色涂料，窗采用塑钢窗，内设塑钢推拉门，室内除公共部位均为粗装修，墙面为混合砂浆毛墙面，地面为水泥砂浆地坪，内门不装，只留洞口，安装部分包括普通水电				

表 23.2 造 价 指 标

项　　目		造价/(元/m^2)	占总造价比例/%
总造价		817.72	100.00
土建		770.62	94.24
其中	结构	599.77	73.35
	装饰	170.85	20.98
安装		47.10	5.76
其中	水施	16.06	1.96
	电气	31.04	3.80

表 23.3 工程造价及费用组成

土建部分

项　　目	造价/(元/m^2)	占总造价比例/%
总造价	770.62	10.00
分部分项工程费	620.65	80.54
综合费用	160.56	20.84
价差	−23.00	−2.98
劳动保险费	12.41	1.61

安装部分

项　　目		总造价	主材料	安装费	其中 人工费	分部分项工程费	综合费	税金	差价	劳动保险费
水施	造价/(元/m^2)	16.06	5.52	7.37	1.57	12.89	2.48	0.52	−0.11	0.28
	百分比/%	100.00	34.37	45.89	9.77	80.26	15.44	3.24	−0.68	1.74
电气	造价/(元/m^2)	31.04	14.19	7.24	3.88	21.43	6.14	1.03	1.74	0.70
	百分比/%	100.00	45.72	23.32	12.50	69.04	19.78	3.32	5.61	2.26
合计	造价/(元/m^2)	47.10	19.71	14.61	5.45	34.32	8.62	1.55	1.63	0.98
	百分比/%	100.0	41.85	31.02	11.57	72.87	18.30	3.29	3.46	2.08

表 23.4　　**土建部分构成比例及主要工程量**

项　目	分部工程费/元	占全部分部工程比例/%	单位	工程量
土石方工程	190328	1.03		
挖土方			m^3	0.24
打桩工程	2692422	14.51		
沉管灌注桩			m^3	0.17
凿桩头			个	0.06
基础与垫层	1467344	7.91		
独立基础			m^3	0.08
砖石工程	1085582	5.85		
多孔砖墙			m^3	0.19
混凝土与钢筋混凝土	8027402	43.26		
柱			m^3	0.05
梁			m^3	0.08
板			m^3	0.12
屋面工程	641658	3.46		
混凝土瓦			m^3	0.15
脚手架工程	335952	1.81		
楼地面工程水泥砂浆楼地面	511763	2.76	m^2	0.61
墙柱面工程	450441	4.04		
水泥砂浆墙柱面			m^2	0.81
混合砂浆墙柱面			m^2	1.49
石灰砂浆墙柱面			m^2	0.66
顶棚工程	184089	0.99		
门窗工程	1983982	12.69		
塑钢门窗			m^2	0.18
油漆涂料工程	597090	3.22		
外墙涂料			m^2	0.63
抹灰面乳胶漆			m^2	0.64
其他工程	89520	0.48		

表 23.5　　**主 要 工 料 消 耗 指 标**

项目	单位	每平方米耗用量	每万元耗用量	项目	单位	每平方米耗用量	每万元耗用量
一、定额用工				碎石	t	0.34	5.48
1. 土建	工日	5.04	81.20	标准砖	块	14.1	227
2. 水施	工日	0.10	—	多孔砖	块	67.6	1089
3. 电气	工日	0.24	—	石灰	kg	16.59	267
二、材料消耗				2. 安装			

续表

项目	单位	每平方米耗用量	每万元耗用量	项目	单位	每平方米耗用量	每万元耗用量
1. 土建				镀锌管	kg	0.16	
钢筋	kg	75.18	1211	UPVC 管	m	0.27	
水泥	kg	279.46	4503	型钢	kg	0.10	
木材	m^3	0.001	0.02	电线管	m	1.43	
砂子	t	0.42	6077	电线	m	5.06	

23.7　概算指标的应用

概算指标的应用比概算定额具有更大的灵活性。由于它是一种综合性很强的指标，不可能与拟建工程的建筑特征、结构特征、自然条件、施工条件完全一致，因此，在选用概算指标时要十分慎重，选用的指标与设计对象在各个方面应尽量一致或接近，不一致的地方要进行换算，以提高准确性。

概算指标的应用一般有两种情况：第一种情况涉及对象的设计特征与概算指标一致时，可以直接套用；第二种情况设计对象的结构特征与概算指标的规定局部不同时，要对指标的局部内容进行调整后再套用。

1. 概算指标直接套用

(1) 建筑物的造价计算。其计算公式为

综合单价＝拟建建筑面积×概算指标中每 $1m^2$ 单位综合造价

土建造价＝拟建建筑面积×概算指标中每 $1m^2$ 单位土建造价

暖卫电造价＝拟建建筑面积×概算指标中每 $1m^2$ 单位暖卫电造价

采暖造价＝拟建建筑面积×概算指标中每 $1m^2$ 单位采暖造价

给水排水造价＝拟建建筑面积×概算指标中每 $1m^2$ 单位给水排水造价

电气照明造价＝拟建建筑面积×概算指标中每 $1m^2$ 单位电气照明造价

(2) 主要材料消耗量的计算。其计算公式为

材料消耗量＝拟建建筑面积×概算指标中每 $100m^2$ 料消耗量/100

2. 概算指标调整后再套用

(1) 每 $100m^2$ 造价的调整。调整的思路如定额的换算即从每 $100m^2$ 概算造价减去每 $100m^2$ 建筑面积需换算出结构构件的价值，加上每 $100m^2$ 建筑面需换入结构构件的价值。即得每 $100m^2$ 修正概算造价调整指标，加每 $100m^2$ 造价调整指标乘以设计对象的建筑面积，即得出拟建工程的概算造价。

计算公式为

每 $100m^2$ 修正概算造价调整指标＝原每 $100m^2$ 概算造价－每 $100m^2$ 建筑面积需换出结构构件价值＋每 $100m^2$ 建筑面积需换入价值

拟建工程的概算造价＝每 $100m^2$ 修正概算造价调整指标×设计对象的建筑面积

每 100m² 换入结构构件的价值式中换出结构构件的价值＝原指标中结构构件工程量

地区概算定额基价换入结构构件的价值＝拟建工程中结构构件的工程量×地区概算定额

(2) 每 100m² 工料数量的调整思路：从所选定的指标的工料消耗量中，换出与拟建工程不同的结构构件的工料消耗量，换入所需要结构构件的工料消耗量。北京市某单层工业厂房概算指标见表 23.6。

表 23.6　　北京市某单层工业厂房概算指标

(一) 工程概况

建设地点	北京市	檐高	5m		
中标时间	2006.9	建筑面积	25525m²		
工程等级	厂房	层数	1	地上	1
				地下	0
地震烈度	8 度	资金类别	自筹		
结构类型	框架结构	其他			

建筑工程	基础	带形基础
	结构	墙体：实心砖墙 370 厚 MU10 页岩砖，M10 混合砂浆砌筑，240 厚 MU10 页岩砖。 填充墙：300 厚 MU5 陶粒混凝土砌块 M5 混合砂浆；200 厚 MU5 陶粒混凝土砌块；250 厚 MU5 陶粒混凝土砌块非防火墙
		板：平板，板厚度：100mm、110mm、120mm、140mm、160mm，混凝土强度等级：C25，混凝土拌和料要求：现浇混凝土
		屋面：保温隔热屋面，40 厚 C20 细石混凝土＋70 厚聚苯板保温层，最薄处 30 厚 1：0.2：3.5 水泥粉煤灰页岩陶粒找 2%坡，20 厚 1：3 水泥砂浆找平层
		楼地面：细石混凝土楼地面，地砖楼地面
	装饰	门窗：塑钢窗，中空塑钢推拉窗、单玻塑钢推拉窗；夹板装饰门，夹板带百叶木门（成品包括油漆），实木拼板门
		天棚：天棚抹灰、刷喷涂料顶棚、金特方板天棚吊顶
		内墙：刷喷涂料内墙、喷（刷）白色耐擦洗涂料、釉面砖墙面
		外墙：刷喷涂料外墙、喷（刷）灰色涂料面层
安装工程	电气	照明：焊接钢管、线缆敷设、配电箱（柜）、普通灯具
		动力：焊接钢管、线缆敷设、配电箱（柜）
		防雷接地：卫生间等电位连接，避雷网敷设，利用底板钢筋及母线作接地极
		弱电：焊接钢管、线缆敷设
	给排水	衬塑钢管、UPVC 管材、洁具
	采暖	低压焊接钢管、岩棉保温、铸铁散热器、无缝钢管
	通风空调	风管采用镀锌钢板风管
	消防	消火栓系统：焊接钢管 消防报警：焊接钢管、线缆敷设、感烟、感温探测器、报警联动器、报警器、消防栓、控制器

（二）工程清单汇总

项目	总价/元	造价/(元/m²)	百分比/%
建筑工程	4712617	184.63	27.26
装饰工程	4548170	178.18	26.31
安装工程	5305457	207.85	30.69
措施项目	1278114	50.07	7.39
其他项目	70000	2.74	0.40
规费	803418	31.48	4.65
税金	568403	22.27	3.29
合计	17286179	677.23	100

（三）工程造价构成（各单项工程平方米造价）

单位：元/m²

建筑工程	土方	砌筑	混凝土	钢筋	防水	金属结构	保温其他
184.63	9.79	58.43	34.04	52.22	9.87	0.22	20.06
100.00%	5.30%	31.65%	18.44%	28.28%	5.35%	0.12%	10.86%
装饰工程	楼地面	楼梯、台阶	墙柱面	天棚	门窗	涂料	浴厕
178.18	64.35	1.05	10.73	60.84	14.74	26.40	0.07
100.00%	36.12%	0.59%	6.02%	34.15%	8.27%	14.82%	0.04%
安装工程	照明动力	弱电	给排水	采暖	通风空调	消火栓	消防报警
207.85	127.95	3.71	6.09	15.05	29.79	9.05	16.21
100.00%	61.56%	1.78%	2.93%	7.24%	14.33%	4.35%	7.81%

（四）钢筋、混凝土、人工费平方米含量及主材价格

指标名称	百平方米工程量	指标名称	百平方米工程量
挖土方量/m³	28.16	回填土量/m³	19.78
砖基础量/m³	2.52	砖砌筑量/m³	14.73
混凝土量/m³	9.40	钢筋/t	8.90
楼地面整体面层面积/m²	89.32	楼地面块料面层面积/m²	7.43
外墙面装饰面积/m²	26.11	内墙面装饰面积/m²	75.68
天棚抹灰、涂料面积/m²	44.65	天棚吊顶面积/m²	51.62

（五）人材机消耗指标

指标名称	百平方米数量	指标名称	百平方米数量
钢筋/t	9.21	水泥/t	11.05
砂子/t	16.15	石子/t	18.13
防水卷材/m²	16.49	防水涂料/t	4.83
地面砖/m²	7.59	墙面砖/m²	3.68
塑钢窗/m²	1.80	木门/m²	1.41

每 $100m^2$ 修正概算造价调整指标＝原每 $100m^2$ 概算造价－每 $100m^2$ 建筑面积需换出结构构件价值＋每 $100m^2$ 建筑面积需换入价值。

【例 23.1】 某拟建工程，建筑面积为 $3580m^2$，按图算出一砖外墙为 $646613.72m^2$ 所选定的概算指标中每 $100m^2$ 建筑面积有一砖半外墙 25.71 钢每 $100m^2$ 概算造价为 29767 元，试求调整后每 $100m^2$ 概算造价及拟建工程的解概算指标调整详见表 23.7，则

表 23.7　　**概算指标调整计算表**

序号	概算定额编号	构件	单位	数量	单价/元	复价	备注
	换入部分						
1	2-78	1 砖外墙	m^2	18.07	88.31	1596	646.97/35.8=18.07
2	4-68	木窗		17.143	9.45	676	613.72/35.8=17.14
						2272	
	换出部分						
3	2-78	1.5 砖外墙	m^2	25.71	87.20	2242	—
4	4-90	钢窗		15.5	74.2	1150	
	小计					3392	

建筑面积调整概算价＝(29767＋2272－3392)元/$100m^2$＝28647 元/m^2 拟建工程的概算造价为 35.8×$100m^2$×28647 元/$100m^2$＝1025562 元

(2) 每 $100m^2$ 中工料数量调整的思路：从所选定指标的工料消耗量中，换出与拟建工程不同的结构构件的工料消耗量，换入所需结构构件的工料消耗量。

关于换出换入的工料数量，是根据换出换入结构构件的工程量乘以相应的概算定额中工料消耗指标而得出的。

根据调整后的工料消耗量和地区材料预算价格、人工工资标准、机械台班预算单价，计算 $100m^2$ 的概算基价；然后依据有关取费规定，计算每 $100m^2$ 的概算造价。

这种方法主要适用于不同地区的同类工程编制概算。

用概算指标编制工程概算，工程量的计算工作很小，也节省了大量的定额套用和工料分析工作，因此比用概算定额编制工程概算的速度快，但准确性要差。

复习思考题

1. 什么是概算指标，它有哪些作用？

2. 概算指标如何分类？

3. 概算指标与概算定额有何异同？

4. 试述当设计对象的结构特征与概算指标有局部差异时，概算指标的调整方法。

5. 试述概算指标的内容及表现形式。

自 测 题

一、单项选择题

1. 建筑工程概算指标，是以（　　）为对象，以建筑面积、体积或成套设备装置的台或组为计量单位而规定人工、材料和机械台班的消耗指标和造价指标。

A. 建筑物和构筑物　B. 分部工程　C. 分项工程　D. 工序

2. 某建设工程项目拟订购5台国产设备，订货价格为50万元/台，设备运杂费率为8%，设备安装费率为20%，采用概算指标法确定该项目的设备安装费为（　　）万元。

A. 54　B. 24　C. 20　D. 50

3. 概算指标的分类包括（　　）。

A. 综合指标、单项指标

B. 建筑工程概算指标、安装工程概算指标

C. 单位工程概算指标、单项工程概算指标、建设项目概算指标

D. 人工概算指标、材料概算指标、机械台班概算指标

二、判断题

1. 单项形式的概算指标，概括性比较大，一般以民用与工业的不同而分类，或以建筑物的结构体系类型（如装配式或框架式等）而分类。（　　）

2. 概算指标可分为综合形式和单项形式。（　　）

3. 概算指标的表现形式包括一般房屋建筑概算指标、土方工程分项指标、分部工程概算指标和安装工程概算指标。（　　）

三、计算题

某工业厂房建筑面积1500m²，主要结构特征与构造与表1、表2基本类似，其主要材料消耗量如：钢材52.3t，水泥310t，木材70.2m²，红砖315.56千块，玻璃402m²，生石灰61.4t，砂457m³，碎石466m，油毡3221m²，沥青10.2t；试确定该厂房的材料概算指标。

表1　建筑物特征

结构类型	混　合
层数	单层
跨度	12m
跨数	单跨
平均高度	11.388m
建筑面积	605.03m²
占地面积	605.03m²

表 2　　**主 要 构 造**

内容	说　明
基础	钢筋混凝土杯形基础、圈梁
外墙	一砖半
内墙	
柱及其间距	工字形钢筋混凝土柱，间距 6m
梁	钢筋混凝土吊车梁
门窗	塑钢门窗
地面	灰土垫层，水泥砂浆抹面
屋架	钢筋混凝土薄腹梁，12m 梁
屋面	大型钢筋混凝土屋面板，蛭石混凝土，二毡三油卷材防水
外抹灰	水泥砂浆勾缝
内抹灰	原浆勾缝，抹白灰砂浆
顶棚	抹白灰砂浆

第5篇 估 算 指 标

在工程项目的初步规划至最终实施的整个生命周期中，投资估算指标扮演着至关重要的角色。它不仅是项目建议书、可行性研究报告及设计任务书阶段不可或缺的组成部分，更是确保项目经济可行性和后续造价管理控制的基础。为了全面、准确地掌握和应用投资估算指标，需要对其概念、作用、内容以及编制原则、依据和方法进行深入学习。

投资估算指标作为一种定额，以独立的建设项目或单项工程为对象，综合反映了项目全过程的投资和各类成本、费用。它不仅是国家对固定资产投资进行宏观指导的重要指标，也是项目建议书审批、多方案比选、设计概算控制、工程造价管理等多个环节的重要依据。通过本篇的学习，可以准确理解和应用投资估算指标，这对于提高投资决策的科学性、优化设计方案、合理确定和控制工程造价具有重要意义。

第24章 估算指标概念、作用及内容

估算指标概念、作用及内容

24.1 投资估算指标的概念

投资估算指标，是在编制项目建议书、可行性研究报告和编制设计任务书阶段进行投资估算、计算投资需要量时使用的一种定额。投资估算指标以独立的建设项目或单项工程为对象，综合项目全过程投资和建设中的各类成本和费用，反映出其扩大的技术经济指标，具有较强的综合性和概括性。

投资估算一经批准即为建设项目投资的最高限额，一般情况下不得随意突破。因此，投资估算的准确与否不仅影响建设前期的投资决策，而且也直接关系到下一阶段设计概算、施工图预算的编制及项目建设期的造价管理和控制。

24.2 投资估算指标的作用

投资估算指标是国家对固定资产投资由直接控制转变为间接控制的一项重要经济指标，具有宏观指导作用；同时，它又为编制项目建议书投资估算提供依据，具有实用性。

（1）在编制项目建议书阶段，它是项目主管部门审批项目建议书的依据之一，并对项目的规划及规模起参考作用。

（2）在可行性研究报告阶段，它是项目决策的重要依据，也是多方案比选、优化设计方案、正确编制投资估算、合理确定项目投资额的重要基础。

（3）投资估算指标对工程设计概算起控制作用，当可行性研究报告被批准以后，设计概算就不得突破已批准的投资估算额，并应控制在投资估算额以内。

（4）在建设项目评价、决策过程中，它是评价建设项目投资可行性、分析投资效益的主要经济指标。

（5）在实施阶段，它是限额设计和工程造价确定与控制的依据。

（6）投资估算指标是核算建设项目建设投资需要额和编制建设投资计划的重要依据。

（7）合理准确地确定投资估算指标是进行工程造价管理改革，实现工程造价事前管理和主动控制的前提条件。

（8）投资估算指标为完成项目建设的投资估算提供依据和手段，它在固定资产形成的过程中起着投资预测、投资控制、投资效益分析的作用。

24.3　投资估算指标的内容

投资估算指标是确定和控制建设项目全过程各项投资支出的技术经济指标，其范围涉及建设前期、建设实施期和竣工验收交付使用期等各个阶段的费用支出，内容因行业不同而各异。一般可以分为建设项目综合指标、单项工程指标和单位工程指标三个层次。

1. 建设项目综合指标

建设项目综合指标指按规定应列入建设项目投资的从立项筹建开始至竣工验收交付使用的全部投资额，包括单项工程投资、其他费用和预备费等。

建设项目综合指标一般以项目的综合生产能力单位投资表示，如元/t、元/kW；或以使用功能表示，如医院床位：元/床。

2. 单项工程指标

单项工程指标指按规定应列入能独立发挥生产能力或使用效益的单项工程内的全部投资额，包括建筑工程费、安装工程费、设备及生产工具购置费和其他费用。

（1）单项工程的类别划分。

1）主要生产设施。主要生产设施指直接参加生产产品的工程项目，包括生产车间或生产装置。

2）辅助生产设施。辅助生产设施指为主要生产车间服务的工程项目，包括集中控制室、中央实验室、机修、电修、仪器仪表修理及木工等车间，原材料、半成品、成品及危险品等仓库。

3）公用工程。公用工程包括给排水系统、供电及通信系统以及热电站、热力站、煤气站、空压站、冷冻站、冷却塔和全厂管网等。

4）环境保护工程。环境保护工程包括废气、废渣、废水等的处理和综合利用设施及全厂性绿化。

5）总图运输工程。总图运输工程包括厂区防洪、围墙大门、传达及收发室、汽车库、消防车库、厂区道路、桥涵、厂区码头及厂区大型土石方工程。

6）厂区服务设施。厂区服务设施包括厂部办公室、厂区食堂、医务室、浴室、哺乳室、自行车棚等。

7）生活福利设施。生活福利设施包括职工宿舍、住宅、生活区食堂、职工医院、俱乐部、托儿所、幼儿园、子弟学校、商业服务点以及与之配套的设施。

8）厂外工程。厂外工程包括水源工程、厂外输电、输水、排水、通信、输油等管线以及公路、铁路专用线等。

（2）单项工程指标组成。

1）建筑工程费。包括场地平整、竖向布置土石方工程及厂区绿化工程，各种厂房、办公及生活福利设施等以及建筑物给排水、采暖、通风空调、煤气等管道工

程，电气照明，防雷接地等工程费用。

2）安装工程费。包括主要生产、辅助生产、公用工程的设备、机电设备、仪表、各种工艺管道、电力、通信电缆等安装以及设备、管道保温，防腐等工程费用。

3）设备、工器具及生产家具购置费。包括需要安装和不需要安装的专用设备、机电设备、仪器仪表及配合试生产所需工具、模具、量具、卡具、刃具等和试验台、化验台、工作台、工具箱、更衣柜等生产家具购置费。

4）工程建设其他费用。包括工程建设所需的土地使用费、与项目建设有关的其他费用、与企业未来生产经营有关的其他费用。

单项工程指标一般以单项工程生产能力单位投资，如变配电站：元/(kV·A)；锅炉房：元/蒸汽 t；供水站：元/m^3；办公室、仓库、宿舍、住宅等房屋则区别不同结构形式，以元/m^2 表示。

3. 单位工程指标

单位工程指标指按规定应列入能独立设计、施工的工程项目的费用，即建筑安装工程费用。

单位工程指标一般以如下方式表示：

房屋：区别不同结构型式，以元/m^2 表示。

道路：区别不同结构层、面层，以元/m^2 表示。

水塔：区别不同结构、容积，以元/座表示。

管道：区别不同材质、管径，以元/m 表示。

第25章　投资估算指标的编制原则、依据及方法

25.1　投资估算指标的编制原则

投资估算是为项目的立项、资金筹集、预算编制等提供依据，因此其编制必须遵循一定的原则，确保资金的有效使用和项目的顺利实施。以下是常见的投资估算指标编制原则：

（1）内容和典型工程的取定，必须遵循党和国家的技术经济政策，符合国家技术发展方向。

（2）要与项目建议书、可行性研究报告的编制深度相适应。

（3）要反映不同行业、不同项目和不同工程的特点。

（4）投资估算指标的编制要充分考虑建设条件、实施时间、建设期限的不同，导致指标的量差、价差、利息差、费用差等动态因素对投资估算的影响。

（5）投资估算指标既要适用于一个建设项目的全部投资及其构成，又要有组成建设项目的各个单项工程投资，既能综合，又能分解，要应用自如，简明适用。

25.2　投资估算指标的编制依据

投资估算指标的编制依据是指在编制项目投资估算时，所依赖的各种数据、标准、规范和方法。编制合理、科学的投资估算是确保项目顺利实施和资金合理配置的前提，而这些依据为投资估算的准确性、全面性和可靠性提供了保障。以下是投资估算指标编制的主要依据：

（1）依照不同的产品方案、工艺流程和生产规模，确定建设项目主要生产、辅助生产、公用设施及生活福利设施等单项工程内容、规模、数量以及结构形式，选择相应具有代表性、符合技术发展方向、数量足够的已经建成或正在建设的并具有重复使用可能的设计图及其工程量清册、设备清单、主要材料用量表和预算资料、决算资料，经过分类、筛选、整理，作为编制依据。

（2）国家和主管部门制订颁发的建设项目用地定额、建设项目工期定额、单项工程施工工期定额及生产定员标准等。

（3）编制年度现行全国统一、地区统一的各类工程概预算定额、各种费用

标准。

(4) 编制年度的各类工资标准、材料预算价格及各类工程造价指数，应以所处地区的标准为准。

(5) 设备价格。可分别按以下情况处理：①通用设备、定型产品，以国家或地区主管部门规定的产品出厂价格及有关规定计算；②非定型及非标准设备按生产厂报价或已到货的合同价计算；③施工企业自行加工的非标准设备，应按有关加工定额计算，其价格应略低于外购价格；④进口设备以到岸或离岸价计算，即进口设备原价＝到岸价＋关税＋增值税＋调节税＋进出口公司手续费＋银行财务费。

25.3 投资估算指标的编制方法

编制工作一般可以分为3个阶段进行。

(1) 调查收集整理资料阶段。调查收集与编制内容有关的已经建成或正在建设的工程设计图资料、施工资料以及概算资料、预算资料、决算资料，这些资料是编制工作的基础，资料收集得越多，反映出的问题越多，编制工作考虑得越全面，有利于提高指标的实用性和覆盖面。同时，对调查收集到的资料要抓住投资比重大、相互关联多的项目进行认真的分析。将整理后的数据资料按项目划分栏目归类，并按编制年度的现行定额、费用标准和价格，调整成编制年度的造价水平及相互比例。

(2) 平衡调整阶段。由于调查收集的资料来源不同，虽经过必要的分析整理，但仍难以避免由于设计方案、建设条件和建设时间上的差异所带来的影响，会出现数据反常现象以及重复、漏项和水平上的较大变化，因此需要将这些资料进行适当平衡、调整。

(3) 测算审查阶段。测算是将新编的指标和选定工程的概预算，在同一价格条件下进行比较，检验其量差的偏离程度是否在允许偏差的范围内，如偏离过大要查找原因，进行修正，以保证指标的确切、实用。测算同时也是对指标编制质量进行的一次系统检查，应由专人进行，以保持测算口径的统一，在此基础上组织有关专业人员予以全面审查定稿。

第 26 章 投资估算指标的应用

投资估算指标为编制建设项目投资估算提供了必要的编制依据，但使用时一定要根据建设项目实施的时间、建设地点自然条件和工程的具体情况等进行必要的调整、换算，切忌生搬硬套，以保证投资估算确切可靠。

26.1 时 间 差 异

投资估算指标编制年度所依据的各项定额、价格和费用标准及项目实施年度可能会随时间的推移而有所变化。这些变化对项目投资的影响，因工期长短而异，时间越长影响越大，越不可忽视。项目投资估算一定要预计计算至实施年度的造价水平，否则将给项目投资留下缺口，使其失去控制投资的意义。时间差异对项目投资的影响，一般可按下述几种情况考虑：

（1）定额水平的影响。各项定额的修订、新旧定额水平变化所引起的定额差，一般表现为人工、材料、施工机械台班消耗的量差，可相应调整投资估算指标内的人工、材料和施工机械台班数量，也可用同一价格计算的新、旧定额直接费之比调整投资估算指标的直接费。即

调整后的直接费＝指标直接费×[1＋(新定额直接费－旧定额直接费)/旧定额直接费]

（2）价格差异的影响。如投资估算指标编制年度至项目实施期年度，仅设备、材料有所变化，可按指标内所列设备、材料用量调整其价差或以价差率调整。价差率可按下式计算：

设备(材料)差价率＝[设备(材料)用量×(编制年度价格－指标编制年度价格)/指标设备(材料)费总额]×100％

也可先求得设备、材料价格每年的平均递增率，按下式调整后列入项目投资估算预备费中设备材料差价项下。即

$$E=\sum_{i=1}^{n}F_i[(1+\rho)^i-1]$$

式中 E——设备（材料）价差；

n——指标编制年度至项目实施期的年度数；

F_i——项目实施期间第 i 年度设备（材料）投资额；

ρ——设备（材料）价格年平均递增率。

（3）费用差异的影响。指标编制年度及实施期年度之间如建安工程各项费用定额有变化，可将新建安工程费用定额中的不同计算基数的费率，换算成同一计算基数的综合费率形式进行调整。

为简化计算，也可将上述定额水平差、设备材料价格差、费用差，分别以不同类型的单项工程综合测算出工程造价年平均递增率，运用计算工程造价的价格差异，借以调整建安工程费。

26.2 建设地点差异

建设地点的变化（如水文、地质、气候、地震以及地形地貌等）必然要引起设计、施工的变化，由此引起对投资的影响，除在投资估算指标中规定相应调整办法外，使用指标时必须依据建设地点的具体情况，研究具体处理方案，进行必要的调整。

26.3 设计差异

由于投资估算指标的编制是取材于已经建成或正在建设的工程设计和施工资料，而设计是一种创造活动，完全一样的工程几乎是不存在的。设计对投资的影响是多方面的，编制时应对投资影响比较大的下列设计差异进行必要的调整：

（1）影响建筑安装工程费的设计因素。如建筑物层数、层、开间、进深、平面组合形式，工业建筑的跨度、柱距、高度、起重机吨位等变化引起的结构型式、工程量和主要材料的改变。

（2）工艺改变、设备选型引起对投资的影响。

复习思考题

1. 什么是投资估算指标？
2. 投资估算指标内容一般可分几个层次？
3. 投资估算指标的作用和编制原则是什么？
4. 试述投资估算的编制方法。
5. 投资估算指标的编制依据是什么？

自测题

一、单项选择题

1. 以下关于估算指标的说法错误的是（　　）。

A. 投资估算指标的编制必须符合国家技术发展方向

B. 投资估算指标的编制要反映不同工程的特点

C. 投资估算指标要应用自如，简明适用

D. 投资估算指标编制时国产设备与进口设备按同样的标准估算

2. 投资估算指标，是在编制（　　）和编制设计任务书阶段进行投资估算、计算投资需要量时使用的一种定额。

A. 设计概算　　B. 项目建议书、可行性研究报告

C. 施工图预算和施工预算　　D. 竣工结算和竣工决算

3. 投资估算的内容是估算（　　）及建设期内分年资金需要量的过程。

A. 建筑工程费　　B. 工程费用

C. 建设投资　　D. 项目投入总资金

4. 静态投资部分包括（　　）。

A. 建筑工程费、设备及工器具购置费、安装工程费

B. 建筑工程费、设备及工器具购置费、安装工程费、工程建设其他费用

C. 建筑工程费、设备及工器具购置费、安装工程费、工程建设其他费用、基本预备费

D. 建筑工程费、设备及工器具购置费、安装工程费、工程建设其他费用、基本预备费、流动资金

5. 不属于投资估算必须达到的要求是（　　）。

A. 工程内容和费用构成齐全，计算合理

B. 选用指标与具体工程之间存在标准或者条件差异时，应进行必要的换算或者调整

C. 精度应能满足投资项目前期不同阶段的要求

D. 满足工程设计招投标及城市建筑方案设计竞选的需要

二、判断题

1. 估算指标是指在一定生产技术和自然条件下，完成某个单位（或群体）工程平均需用的标准天数，它包括建设工期和施工工期两个层次。（　　）

2. 投资估算指标一般可分为建设项目指标、单项工程指标和单位工程指标三个层次。（　　）

3. 基本预备费内容不包括一般自然灾害造成的损失和预防自然灾害所采取的措施费用。（　　）

4. 投资估算中安装工程费的分类估算不包括用工量。（　　）

5. 建筑工程费的估算方法中有一种方法要以较为详细的工程资料为基础，工作量较大，它是概算指标投资估算法。（　　）

第6篇 工 期 定 额

在当今快速发展的建设行业中，工程项目的按时交付是确保项目成功和满足各方利益的关键要素之一。为了实现这一目标，科学合理地制定和执行工期定额显得尤为重要。工期定额作为工程项目管理的重要工具，不仅为项目评估、决策、设计提供了重要依据，还对项目施工组织设计、投资控制、招投标及合同签订等方面具有不可或缺的指导作用。

本篇详细阐述了工期定额的概念、特征、作用、内容以及编制原则和方法，为深入理解和应用工期定额提供了系统的框架和实用的指导。通过本篇的学习，不仅能够掌握工期定额的基本理论和法规依据，还能够了解如何根据项目的实际情况，合理确定定额水平，并运用科学的编制方法，如施工组织设计法、数理统计法和专家评估法等，来制定切实可行的工期定额。

学习本篇内容，对于提升项目管理能力、优化资源配置、提高建设效率具有重要意义。通过系统地掌握工期定额的编制和应用，可以更好地应对项目中的时间管理挑战，确保项目在预定时间内顺利完成，从而满足业主、承包商和社会各界的期望。

课程思政

港珠澳大桥是国家工程，国之重器，它体现了我国综合国力和自主创新能力。2009 年 12 月 15 日，港珠澳大桥正式开工建设。2017 年 7 月 7 日，港珠澳大桥主体工程贯通。2018 年元旦前夜，港珠澳大桥主体工程全线亮灯，大桥具备通车条件。2018 年 3 月 15 日，港珠澳大桥澳门口岸管理区获批准正式交付澳门特别行政区使用。2018 年 5 月 13 日开通了港珠澳大桥海上游。整个的建设时间为 96 个月。

火神山雷神山的建设“十天交付”工程彰显中国奇迹，体现了中国速度与中国精神。2020 年 1 月 24 日，武汉蔡甸火神山医院相关设计方案完成。2020 年 1 月 29 日，武汉蔡甸火神山医院建设已进入病房安装攻坚期。2020 年 2 月 2 日上午，武汉火神山医院正式交付。2020 年 2 月 4 日，武汉火神山医院开始正式接诊新型冠状病毒感染的肺炎确诊患者，并于 9 时许收治首批患者。火神山医院的建设时间为 10 天。

通过这两个项目可以发现：一个建设项目，不仅仅要考虑项目的工程造价，还要考虑项目工期时间。这也是本篇要讲解的内容。

任务导入

山东地区某建设单位拟建一栋多层住宅楼，住宅楼为砖混结构，共5层，建筑面积为4000m^2，试确定该住宅楼的施工工期。

第27章　工期定额概述

27.1　工期定额的发展历史

建设工期定额同概算、预算定额一样，是工程建设定额管理体系中的重要组成部分。我国开展建设工期定额编制和管理工作始于20世纪80年代初，开始主要是编制建筑安装工程工期定额；80年代中期以后，国家有计划地组织制订了各类大中型工业交通项目、市政设施项目的建设工期定额；目前建设工期定额体系中已包括一般建筑安装工程、市政工程、电力、煤炭、铁道、冶金、化工、电子、邮电等行业建设工期定额2000余项。

27.2　工期定额的概念

工期定额是指在一定的经济和社会条件下，在一定时期内由建设行政主管部门制定发布的工程项目建设消耗的时间标准。工期定额具有一定的法规性，对确定具体工程项目的工期具有指导意义，体现了合理建设工期，反映了一定时期国家、地区或部门不同建设项目的建设和管理水平。

工期定额包括建设工期定额和施工工期定额两个层次。

建设工期定额是指建设项目或独立的单项工程从开工建设起到全部建成投产或交付使用时止所需要的额定时间，不包括由于决策失误而停（缓）建所延误的时间，一般以月数或天数表示。

施工工期定额一般是指单项工程或单位工程从正式开工起至完成承包工程全部设计内容并达到国家验收标准所需要的额定时间。

施工工期是建设工期中的一部分。施工过程中，遇不可抗力、极端天气或政府政策性影响施工进度或暂停施工的，按照实际延误的工期顺延；施工过程中发现实际地质情况与地质勘查报告出入较大的，应按照实际地质情况调整工期；施工过程中遇到障碍物或古墓、文物、化石、流沙、溶洞、暗河、淤泥、石方、地下水等需要进行特殊处理且影响关键线路时，工期相应顺延；合同履行过程中，因非承包人原因发生重大设计变更的，应调整工期。其他非承包人原因造成的工期延误应予以顺延。同时以上原因造成的工期延误，施工单位可以向建设单位进行工期方面的索赔。

27.3　工期定额的特性

工期定额和概算定额、预算定额一样，是工程建设定额管理体系中的重要组成部分主要具有如下特性：

（1）法规性。法规性指工期定额是考核工程项目工期的客观标准和对工期实施宏观控制的必要手段，工期定额由建设行政主管部门或授权有关行业主管部门制定、发布。它作为确定建设项目工期和工程承包合同工期的规范性文件，未经主管部门同意，任何单位式个人无权修改或解释，建设工期的执行与监督工作也由发布部门或授权部门进行日常管理。

（2）普遍性。普遍性指工期定额的编制依据正常的建设条件和施工程序进行，综合了大多数企业的施工技术和管理水平，因而具有广泛的代表性。

（3）科学性。科学性指工期定额的制定、审查等工作采用科学的方法和手段进行统计、测定和计算等。

第28章　工期定额的作用和内容

28.1　工期定额的主要内容

工期定额指建设项目或单项工程从破土动工至按设计文件全部建成交付使用所需的额定时间。建设工期定额是加强建设工程管理的一项基础工作，定额具有一定的法规性、普遍性和科学性。法规性指建设工期定额是考核工程项目工期的客观标准和对工期实施宏观控制的必要手段，建设工期定额由建设行政主管部门或授权有关行业主管部门制订、发布，作为确定建设项目工期和工程承发包合同工期的规范性文件，未经主管部门同意，任何单位或个人无权修改或解释，建设工期的执行与监督工作也由发布部门或受权部门进行日常管理。

28.2　工期定额的主要作用

工期定额的主要作用可以从以下几个方面来概括：

(1) 建设工期定额的作用、依据及使用的说明。工期定额在建设前期主要作为项目评估、决策、设计时按合理工期组织建设的依据，还可作为编审设计任务书和初步设计文件时确定建设工期的依据。对于编制施工组织设计、进行项目投资包干和工程招标投标及签订合同工期具有指导作用，此外也可作为提前和延误工期进行奖罚、工程结算、竣工期调价的依据。

根据上述作用，建设工期定额在总说明部分还应说明编制的有关依据和定额水平确定的原则。

(2) 工期定额中时间的说明。建设工期定额的起止时间一般从设计文件规定的工程正式破土动工到全部工程建成交付使用所需的时间，定额中大都以天计算和表示。还应对定额所考虑国家规定的法定有效工作天数或月数，以及冬季施工、开始动工的季节等做出说明。

(3) 工期定额的项目构成。各类建设工期定额按项目的类别主要分为三大部分：第一部分民用建筑工程，第二部分工业及其他建筑工程，第三部分专业工程。民用建筑工程包括住宅工程，宾馆、饭店工程，综合楼工程，办公、教学楼工程，医疗、门诊楼工程等；工业及其他建筑工程包括单层、多层厂房工程，降压站工程，冷冻机房工程，冷库、冷藏间工程等；专业工程包括电梯的安装，起重机的安装，锅炉的安装，空调设备的安装等。

第29章 工期定额的编制

29.1 编 制 原 则

工期定额的编制是一个系统的过程，涉及对施工任务的精确分析与合理估算，旨在为工程项目提供科学、规范的工期估算依据。编制工期定额时，通常遵循以下几个主要原则：

（1）适合国家建设的需要，体现国家建设的方针、政策。建设工期定额编制项目应是国家中长期规划发展的项目，且技术先进、经济效益好、建设的项目多。

（2）适合国家生产力发展的水平。建设工期定额要反映当前和今后一个时期或定额使用期内建筑业生产力的水平，考虑到今后建筑业管理水平和施工技术装备水平适度提高的可能性。

（3）工期定额的编制还要同有关的经济政策、劳动法规、施工验收标准以及安全规程相匹配。

（4）应采用先进科学的方法进行编制，且需要对大量的资料和数据进行科学合理的分析，剔除不合理因素。

（5）工期定额的项目划分要根据不同建设项目的规模、生产能力、工程结构、层数等合理分档，便于定额的使用。

（6）要考虑气候、地理等自然条件的差异对建设工期的影响，分别利用系数进行相应的调整换算，以扩大定额的适用范围。

29.2 编 制 步 骤

工期定额的编制大致分为三个阶段：即确定原则、统一项目阶段，确定定额工期水平阶段，报送审稿阶段，如图29.1所示。

29.3 影响工期定额的主要因素

影响定额工期的因素是多方面的、复杂的，而且许多因素具有不确定性，概括起来主要有以下几个方面。

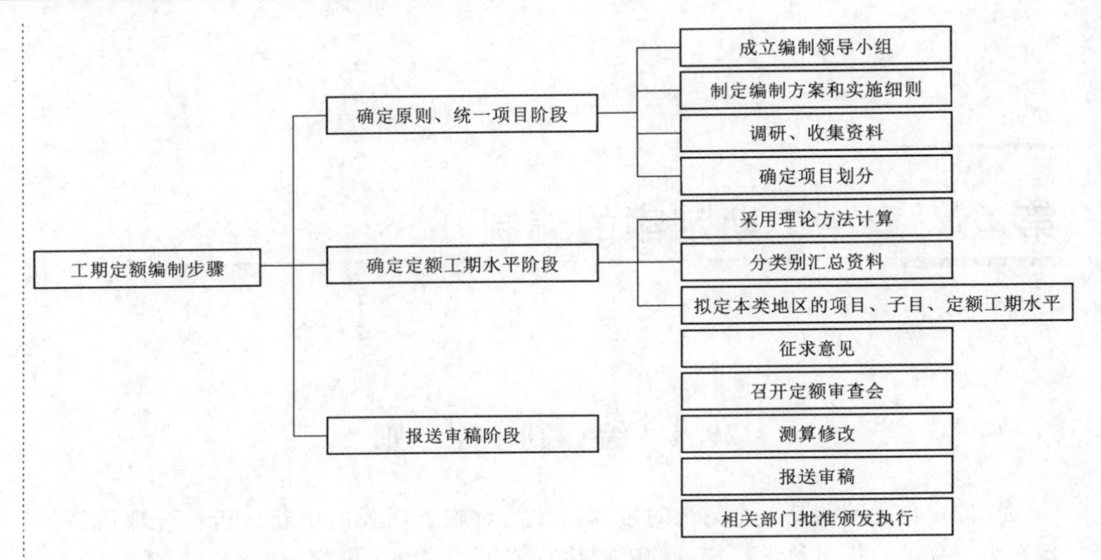

图29.1　工期定额编制步骤

（1）时间因素。春、夏、秋、冬开工时间不同，对施工工期有一定的影响。冬季开始施工的工程，有效工作天数相对较少，施工费用较高，工期也较长。春、夏开工的项目可赶在冬天到来之前完成主体，冬天则进行辅助工程和室内工程施工，可以缩短建设工期。

（2）空间因素。空间因素也就是地区不同的因素。如北方地区冬季较长，南方则较短些，南方雨量较多，而北方则较少些。一般将全国划分为Ⅰ类、Ⅱ类、Ⅲ类地区。

（3）施工对象因素。施工对象因素是指结构、层数、面积不同对工期的影响。在工程项目建设中，同一规模的建筑由于其结构形式不同，如采用钢结构、预制结构、现浇结构或砖混结构，其工期不同。同一结构的建筑，由于其层数、面积的不同，工期也不相同。

（4）施工方法因素。机械化、工厂化施工程度不同，也影响着工期的长短。机械化水平较高时，工期会相应缩短。

（5）资金使用和物资供应方式的因素。一个建设项目获批后，其资金使用方式和物资供应方式是不同的，因此对于工期也将产生不同的影响。

29.4　工期定额的编制特点

（1）工期定额与传统的劳动定额、预算定额等有一定的联系，但也有较大的区别。与其他定额编制方法相比，建设工期定额的编制有以下特点：

工期涉及的是时间范围，且跨度大，其间变化因素多，涉及的单位也多，包含了许多管理的因素。

（2）工业建设项目特点突出，工程类型多、建设规模大、工程量也较大，且施

工工艺和技术复杂程度高，因此难以用一般的或单一的建设工期定额编制方法来概括。

(3) 编制建设工期定额所需的数据资料繁杂，一般情况下，资料收集困难，而且可靠性较差。

(4) 定额编制原则的具体化、量化比较困难，比如所谓“正常”的建设条件就很难量化，加上我国地域辽阔、经济条件发展不平衡，自然条件差异也大，所以编制全国统一或行业、地区统一的建设工期定额都会遇到类似的问题。要使定额具有普遍性，又要适当考虑不同的特殊性，矛盾比较突出。

29.5 合理确定定额水平

(1) 建设工期定额编制的各个阶段、各个环节，都应以合理确定定额水平并能指导工程实践为前提。

(2) 采用不同的方法编制建设工期定额时，涉及不同数据的选取时，也应对定额水平分别进行分析，找出差异的原因，做必要的修正。

(3) 工期定额编制完成后还需经过评审和审查，审查中的一个重要工作就是对定额的水平同相应的已完工程实际建设工期进行对比分析，以验证新编工期定额水平是否符合施工实际后方可发布实施。

(4) 工期定额发布实施后，应进行跟踪管理和信息反馈，了解其能否起到应有的指导工程施工的作用，是否有利于建筑管理水平和劳动生产率的提高，以及为修订工作提供基础资料。

29.6 贯彻“平均合理”的原则

工期定额水平确定应以正常的施工条件、合理的施工工艺和劳动组织条件下的平均水平为基础，并适当考虑缩短工期的可能性，概括起来就是以“平均合理”为原则。确定“平均合理”原则的基础如下：

(1) 工期定额应以社会必要劳动时间为基础确定。社会必要劳动时间是指在正常的生产条件下，多数企业技术装备和施工工艺，合理的劳动组织及管理水平下，生产某种产品所需要的必要劳动时间。

(2) 工期定额应反映社会劳动生产力发展水平。由于建设工期定额反映了一定时期建筑业管理和生产力发展的水平，同时，管理水平与劳动生产力的发展水平是相互影响并相互促进的，因此定额的制定既要考虑地区和企业之间不平衡性，又要考虑提高管理水平促进生产力发展的可能性。

(3) 工期定额要适应我国建筑业改革发展的水平。随着我国招投标体制普遍推行，建筑企业在市场中参与竞争的强度不断增大，为提高建筑企业的竞争力，客观上要求施工企业不断地采用先进技术和强化内部管理，实行项目管理、目标管理以及先进的施工技术手段。建设工期定额已成为考核其成果的客观标准，以鼓励先进，鞭策落后。

（4）与国际先进的建设水平相比，我国目前仍存在着施工技术装备与管理水平不高、全员劳动生产率较低的现实，表现在同类型项目建设工期较国外相比还有差距，因此国内建筑企业在不断开放的建筑市场和对外工程承包中，不但要达到国内工期定额的水平，还应赶超世界先进水平，为此在确定定额水平时，既要从我国建筑业目前实际水平出发，又应考虑赶超国际水平的可能性。

第30章　工期定额的编制方法

在建设工期定额编制的实践中，针对其特点，采用了各种方法，但主要的可以概括为以下三种。

30.1　施工组织设计法

施工组织设计法是对某项工程按工期定额划分的项目，采用施工组织设计技术，建立横道图或建立标准的网络图来进行计算。标准网络法由于可利用电子计算机进行各种参数的计算和工期——成本、劳动力、材料资源的优化，因此使用得较为普遍。

应用标准网络法编制建设工期定额的基本程序如下：

（1）建立标准网络模型（CPM 或 PERT），以此揭示项目中各单位工程、单项工程之间的相互关系和施工程序以及搭接程度。

（2）确定各工序的名称，选定适当的施工方案。

（3）计算各工序对应的综合劳动定额。

（4）计算各工序所含实物工程量。

（5）计算工序作业时间。工序作业时间是网络技术中最基本的参数，它同工序的划分、劳动定额和实物工程量都为函数关系，同时工序作业时间计算是否准确也影响整个建设工期的计算精度。工序作业时间计算公式为

$$D=Q/P$$

式中　D——工序作业时间；

Q——工序所含实物工程量；

P——综合劳动定额。

确定各个工序之间的逻辑关系，即确定各个工序的施工顺序。

计算初始网络时间参数，得到初始工期值，确定关键线路和影响整个工期值的各工序组合。

进行工期成本、劳动力、材料资源的优化后，得出最优工期。

根据网络计算的最优工期，考虑其他影响因素，进行适当调整后即为定额工期。

30.2　数理统计法

数理统计法是把过去的有关工期资料按编制的要求进行分类，然后用数理统计的方法，推导出计算式求得统计工期值。统计的方法虽然简单，理论上可靠，但对数据的处理要求严格，要求建设工期原始资料完整、真实，剔除各种不合理的因素，同时要合理选择统计资料和统计对象。

数理统计法是编制工期定额较为通用的一种方法，具体的统计对象和统计对象预测的范围，根据编制工作的要求而确定。

30.3　专家评估法

专家评估法也叫 Delphi 法，以下简称“D 法”。D 法是在问题难以用定量的数学模型、难于用解析方法求解时而采用的一种有效的估计预测的方法，属于经验评估的范畴。通过调查建设工期问题专家、技术人员，对确定的工期目标进行估计和预测。采取 D 法首先要确定好预测的目标，目标可以是某项工程的建设工期，也可以是某个工序的作业时间或编制建设工期定额中的某个具体条件、某个数值等；所选专家、技术人员必须经验丰富、有权威、有代表性；按照专门设计的征询表格，请专家填写，表格栏目要明确、简捷、扼要，填写方式尽可能简单；经过数轮征询和数轮信息反馈，将各轮的评估结果做统计分析。如此不断修改评估意见，最终使评价结果趋于一致，作为确定工期定额的依据。

以上是建设工期定额的几种主要的编制方法，在实际工作中，一般根据具体的建设项目采用一种或几种办法综合使用。对于某些项目，利用这几种方法已总结出了一套经验公式或表格来编制其建设工期定额，这些公式或表格有的已在建设工期定额使用、修订工作中发挥作用。

第31章 工期定额的应用

31.1 建筑安装工程工期定额的内容

此处主要以TY 01－89—2016《建筑安装工程工期定额》为例进行讲解工期定额，介绍它包含的内容、应用的方法及其使用过程中的注意事项。

1. TY 01－89—2016《建筑安装工程工期定额》的总说明

（1）本定额适用于新建和扩建的建筑安装工程。

（2）本定额是国有资金投资工程在可行性研究、初步设计、招标阶段确定工期的依据，非国有资金投资工程参照执行，是签订建筑安装工程施工合同的基础。

（3）本定额工期自开工之日起，到完成各章、节所包含的全部工程内容并达到国家验收标准之日止的日历天数（包括法定节假日），不包括“三通一平”、打试验桩、地下障碍物处理、基础施工前的降水和基坑支护时间、竣工文件编制所需的时间。

（4）本定额内容组成如图31.1所示。

（5）我国各地气候条件差别较大，以下省（自治区、直辖市）按其省会（首府）气候条件为基础划分为Ⅰ类、Ⅱ类、Ⅲ类地区，工期天数分别列项。

Ⅰ类地区：上海、江苏、浙江、安徽、福建、江西、湖北、湖南、广东、广西、四川、贵州、云南、重庆、海南。

Ⅱ类地区：北京、天津、河北、山西、山东、河南、陕西、甘肃、宁夏。

Ⅲ类地区：内蒙古、辽宁、吉林、黑龙江、西藏、青海、新疆。

设备安装和机械施工工程执行本定额时不分地区类别。

（6）本定额综合考虑了冬雨季施工、一般气候影响、常规地质条件和节假日等因素。

（7）本定额已综合考虑预拌混凝土和现场搅拌混凝土、预拌砂浆和现场搅拌砂浆的施工因素。

（8）框架-剪力墙结构工期按照剪力墙结构工期计算。

（9）本定额的工期是按照合格产品标准编制的。工期压缩时，宜组织专家论证，且相应增加压缩工期增加费。

（10）本定额施工工期的调整：

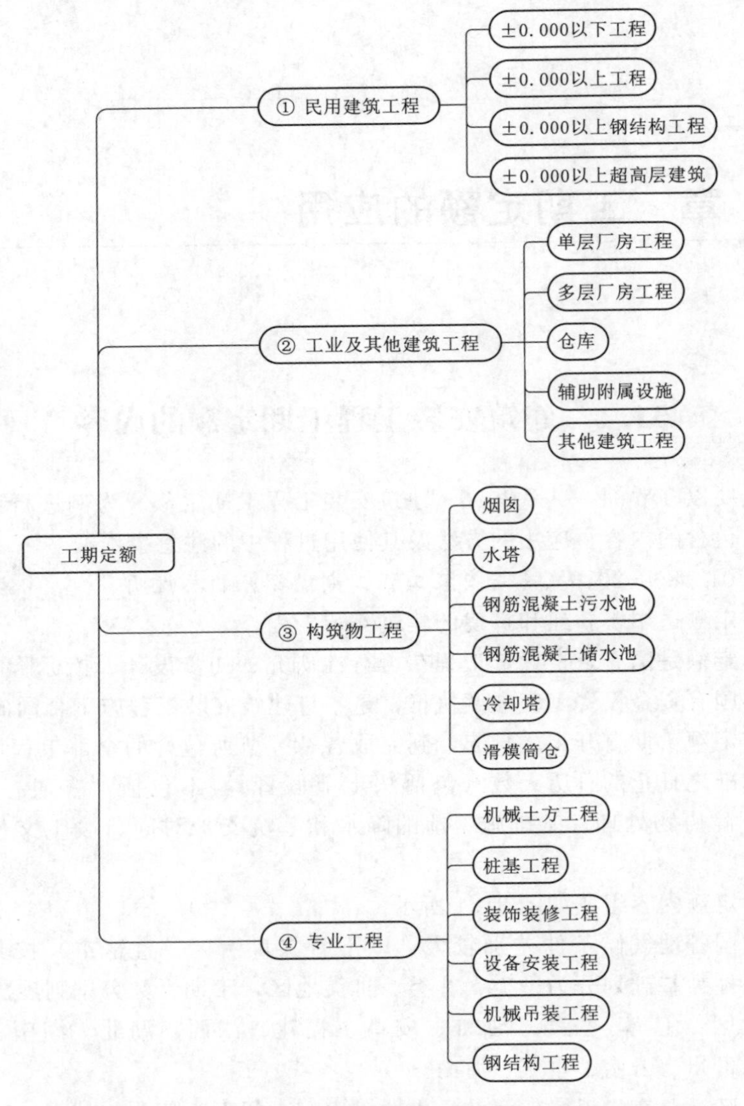

图 31.1　TY 01-89—2016《建筑安装工程工期定额》的内容组成

1）施工过程中，遇不可抗、极端天气或政府政策性影响施工进度或暂停施工的，按照实际延误的工期顺延。

2）施工过程中发现实际地质情况与地质勘查报告出入较大的，应按照实际地质情况调整工期。

3）施工过程中遇到障碍物或古墓、文物、化石、流沙、溶洞、暗河、淤泥、石方、地下水等需要进行特殊处理且影响关键线路时，工期相应顺延。

4）合同履行过程中，因非承包人原因发生重大设计变更的，应调整工期。

5）其他非承包人原因造成的工期延误应予以顺延。

(11) 同期施工的群体工程中，1 个承包人同时承包 2 个以上（含 2 个）单项

（位）工程时，工期的计算：以1个单项（位）工程为基数，另加其他单项（位）工程工期总和乘相应系数计算；加1个乘系数0.35；加2个乘系数0.2；加3个乘系数0.15；4个以上的单项（位）工程不另增加工期。

加1个单项（位）工程：$T=T_1+T_2\times0.35$

加2个单项（位）工程：$T=T_1+(T_2+T_3)\times0.2$

加3个及以上单项（位）工程总工期：T_1、T_2、T_3、T_4 为所有单项（位）工程工期最大的前4个，且 $T_1\geqslant T_2\geqslant T_3\geqslant T_4$。

（12）本定额子目中凡注明"××以内（下）"者，均包括"××"本身"××以外（上）"者，则不包括"××"本身。

（13）超出本定额范围的按照实际情况另行计算工期。

2. 招标人应按照以下依据计算建筑安装工程的施工工期

（1）建筑安装工程施工设计图纸及相关资料。

（2）与建筑安装工程相关的标准、规范、技术资料。

（3）发包方式。

（4）工程质量标准。

（5）施工现场交通、环境状况。

（6）地质资料。

（7）施工组织设计或施工方案。

（8）其他相关资料。

3. 民用建筑工程的定额说明

（1）本部分包括民用建筑±0.000以下工程、±0.000以上工程、±0.000以上钢结构工程和±0.000以上超高层建筑四部分。

（2）±0.000以下工程划分为无地下室和有地下室两部分。无地下室项目按基础类型及首层建筑面积划分，有地下室项目按地下室层数（层）、地下室建筑面积划分。其工期包括±0.000以下全部工程内容，但不含桩基工程。

（3）±0.000以上工程按工程用途、结构类型、层数（层）及建筑面积划分。其工期包括±0.000以上结构、装修、安装等全部工程内容。

（4）本部分装饰装修是按一般装修标准考虑的，低于一般装修标准按照相应工期乘以系数0.95，中级装修按照相应工期乘以系数1.05，高级装修按照相应工期乘以系数1.20计算。一般装修、中级装修、高级装修的划分标准见表31.1。

表31.1　装修标准划分表

项目	一　般	中　级	高　级
内墙面	一般涂料	贴面砖、高级涂料、贴墙纸、镶贴大理石、木墙裙	干挂石材、铝合金条板、镶贴石材、乳胶漆三遍及以上、贴壁纸、锦缎软包、镶板墙面、金属装饰板、造型木墙裙
外墙面	勾缝、水刷石、干粘石、一般涂料	贴面砖、高级涂料、镶贴石材、干挂石材	干挂石材、铝合金条板、镶贴石材、弹性涂料、真石漆、幕墙、金属装饰板

续表

项目	一　般	中　级	高　级
天棚	一般涂料	高级涂料、吊顶、壁纸	高级涂料、造型吊顶、金属吊顶、壁纸
楼地面	水泥、混凝土、塑料、涂料、块料地面	块料、木地板、地毯楼地面	大理石、花岗岩、木地板、地毯楼地面
门、窗	塑钢窗、钢木门（窗）	彩板、塑钢、铝合金、普通木门（窗）	彩板、塑钢、铝合金、硬木、不锈钢门（窗）

注：1. 高级装修：内外墙面、楼地面每项分别满足 3 个及 3 个以上高级装修项目，天棚、门窗每项分别满足 2 个及 2 个以上高级装修项目，并且每项装修项目的面积之和占相应装修项目面积 70%以上者。
2. 中级装修：内外墙面、楼地面、天棚、门窗每项分别满足 2 个及 2 个以上中级装修项目，并且每项装修项目的面积之和占相应装修项目面积 70%以上者。

（5）有关规定如下：

1）±0.000 以下工程工期：无地下室按首层建筑面积计算，有地下室按地下室建筑面积总和计算。

2）±0.000 以上工程工期：按 0.000 以上部分建筑面积总和计算。

3）总工期：±0.000 以下工程工期与±0.000 以上工程工期之和。

4）单项工程±0.000 以下由 2 种或 2 种以上类型组成时，按不同型部分的面积查出相应工期相加计算。

5）单项工程±0.000 以上结构相同，使用功能不同。无变形缝时，按使用功能占建筑面积比重大的计算工期，有变形缝时，先按不同使用功能的面积查出相应工期，再以其中一个最大工期为基数，另加其他部分工期的 25%计算。

（6）单项工程±0.000 以上由 2 种或 2 种以上结构组成。无变形缝时，先按全部面积查出不同结构的相应工期，再按不同结构各自的建筑面积加权平均计算，有变形缝时，先按不同结构各自的面积查出相应工期，再以其中一个最大工期为基数，另加其他部分工期的 25%计算。

（7）单项工程±0.000 以上层数（层）不同，有变形缝时，先按不同层数（层）各自的面积查出相应工期，再以其中一个最大工期为基数，另加其他部分工期的 25%计算。

（8）单项工程中±0.000 以上分成若干个独立部分时，参照总说明条，同期施工的群体工程计算工期。如果±0.000 以上有整体部分，将其并入工期最大的单项（位）工程中计算。

（9）本定额工业化建筑中的装配式混凝土结构施工工期仅计算现场安装阶段，工期按照装配率 50%编制。装配率 40%、60%、70%按本定额相应工期分别乘以系数 1.05、0.95、0.90 计算。

（10）钢-混凝土组合结构的工期，参照相应项目的工期乘以系数 1.10 计算。

（11）±0.000 以上超高层建筑单层平均面积按主塔楼±0.000 以上总建筑面积除以地上总层数计算。

表 31.2 为建筑安装工程部分工期定额表格——±0.000 以下工程（部分）无地下室工程。

表 31.2　　±0.000 以下工程（部分）无地下室工程

编号	基础类型	首层建筑面积/m²	工期/天		
			Ⅰ类	Ⅱ类	Ⅲ类
1-1	带形基础	500 以内	30	35	40
1-2		1000 以内	36	41	46
1-3		2000 以内	42	47	52
1-4		3000 以内	49	54	59
1-5		4000 以内	64	69	74
1-6		5000 以内	71	76	81
1-7		10000 以内	90	95	100
1-8		10000 以外	105	110	115
1-9	筏板基础、满堂基础	500 以内	40	45	50
1-10		1000 以内	45	50	55
1-11		2000 以内	51	56	61
1-12		3000 以内	58	63	68
1-13		4000 以内	72	77	82
1-14		5000 以内	76	81	86
1-15		10000 以内	105	110	115
1-16		10000 以外	130	135	140
1-17	框架基础、独立柱基	500 以内	20	25	30
1-18		1000 以内	29	34	39
1-19		2000 以内	39	44	49
1-20		3000 以内	50	55	60
1-21		4000 以内	59	64	69
1-22		5000 以内	63	68	73
1-23		10000 以内	81	86	91
1-24		10000 以外	100	105	110

31.2 建筑安装工程应用

【例 31.1】 山东省一所学校拟建五栋砖混住宅楼，住宅楼信息如下：1 号楼 5 层，建筑面积 4000m²；2 号楼 5 层，建筑面积 2000m²；3 号楼 6 层，建筑面积 3600m²；4 号楼 6 层，建筑面积 4800m²；5 号楼 5 层，建筑面积 2500m²。

试确定招标文件中的工期。

解： 首先根据工期定额确定这 5 栋楼的定额工期，分别为 1 号楼 160 天，2 号楼 140 天，3 号楼 170 天，4 号楼 185 天，5 号楼 140 天。

（1）如果采用依次施工的方式施工，则

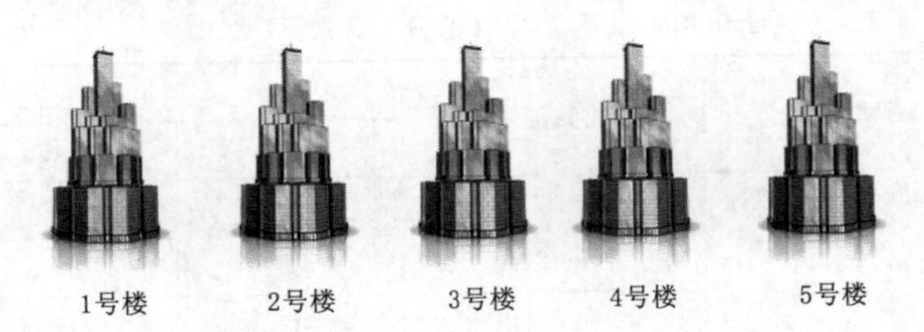

160＋140＋170＋185＋140＝795(天)

(2) 如果采用平行施工的方式：

施工的工期为是 185 天。

(3) 如果采用流水施工的方式：

注意事项：同期施工的群体工程中，一个承包人同时承包 2 个以上（含 2 个）单项（位）工程时，工期的计算：

以 1 个单项（位）工程为基数，另加其他单项（位）工程工期总和乘相应系数计算：

加 1 个乘系数 0.35；加 2 个乘系数 0.2；加 3 个乘系数 0.15；4 个以上的单项（位）工程不另增加工期。

第一步先排序：将时间最长定为 T_1，依次是 T_2，……

加 1 个单项（位）工程：$T=T_1+T_2\times0.35$

加 2 个单项（位）工程：$T=T_1+(T_2+T_3)\times0.2$

加 3 个及以上单项（位）工程总工期：

$$T=T_1+(T_2+T_3+T_4+\cdots)\times0.15$$

$T_1=185$ 天，$T_2=170$ 天，$T_3=160$ 天，$T_4=140$ 天

$T=185+(170+160+140)\times0.15=256$(天)

学 术 探 究

1. 港珠澳大桥工程和火神山工程应该采用什么方法确定其施工的工期？

2. 由预制构件在工地装配而成的建筑，称为装配式建筑。按预制构件的形式和施工方法分为砌块建筑、板材建筑、盒式建筑、骨架板材建筑及升板升层建筑等 5 种类型。试探究装配式建筑的工期应该如何进行确定。

复 习 思 考 题

1. 什么是工期定额？
2. 工期定额的作用有哪些？
3. 工期定额的编制步骤包括哪几个阶段？具体内容包括哪些？
4. 影响工期定额的主要因素有哪些？
5. 建筑安装工期定额（2016 年）适用范围是什么？

自 测 题

一、单项选择题

1. 以下不属于建设工期定额的特性的是（　　）。

A. 法规性　　B. 普遍性　　C. 科学性　　D. 统一性

2. 编制工期定额时，（　　）可以将非确定性的问题，转化为确定性的问题，从而达到获得合理工期的目的。

A. 施工组织设计法　　B. 评审技术法

C. 曲线回归法　　D. 专家评估法

3.《建筑安装工程工期定额》（2016 年版）共由（　　）部分组成。

A. 3　　B. 4　　C. 5　　D. 6

4. 突出层面的楼（电）梯间、水箱间按（　　）计算层数。

A. 0　　B. 1/2　　C. 1/4　　D. 1

5. 工期定额是以（　　）天数为计量单位。

A. 日历　　B. 有效工作天数　　C. 法定工作　　D. 正常工作

二、计算题

1. 某建筑公司同时承包 4 幢住宅工程和 1 幢商店，其中住宅为两幢现浇框架结构，±0.000 以上 16 层，每幢建筑面积 1000m^2；另两幢为砖混结构 6 层，无地下室，带形基础，每幢建筑面积均为 4400m^2，其中建筑面积为 800m^2；商店为框架，±0.000 以下一层，建筑面积为 1500m^2，±0.000 以上 6 层，建筑面积 8000m^2。该土地处Ⅱ类地区，土壤类别为Ⅲ类土。试计算施工总工期。

2. 某住宅工程为全现浇结构，±0.000 以上 20 层，建筑面积 25000m^2，±0.000 以下两层，建筑面积 2800m^2，该工程采用 ϕ600 预应力管桩，桩长 24m，桩数为 300 根。试计算该住宅工程总工期。